# Revit 建模基础

主　编　安　娜
副主编　徐锦枫　方　锐　陈艳燕

北京理工大学出版社
BEIJING INSTITUTE OF TECHNOLOGY PRESS

# 内 容 提 要

本书集成了 Revit 结构、建筑、机电三大模块，主要内容包括标高与轴网、结构模型搭建、建筑标高与轴网、墙体与楼板、门窗与幕墙、楼梯和台阶坡道、屋顶、场地、送风系统、排水系统和建筑供电系统等 11 个项目。本书编写任务明确，步骤简洁，以够用为原则，并选择一座学生宿舍作为模型，以校园实景为建设资源，从而贴近学生生活，提高学生学习积极性。

本书可作为高等院校土木工程类相关专业的教学用书，也可作为 BIM 从业人员的参考用书。

**图书在版编目（CIP）数据**

Revit建模基础 / 安娜主编.—北京：北京理工大学出版社，2018.2
ISBN 978-7-5682-5347-5

Ⅰ.①R⋯ Ⅱ.①安⋯ Ⅲ.①建筑设计－计算机辅助设计－应用软件 Ⅳ.①TU201.4

中国版本图书馆CIP数据核字(2018)第037496号

---

| | |
|---|---|
| 出版发行／北京理工大学出版社有限责任公司 | |
| 社　　址／北京市海淀区中关村南大街 5 号 | |
| 邮　　编／100081 | |
| 电　　话／（010）68914775（总编室） | |
| 　　　　　（010）82562903（教材售后服务热线） | |
| 　　　　　（010）68948351（其他图书服务热线） | |
| 网　　址／http：//www.bitpress.com.cn | |
| 经　　销／全国各地新华书店 | |
| 印　　刷／北京紫瑞利印刷有限公司 | |
| 开　　本／787 毫米 ×1092 毫米　1/16 | |
| 印　　张／8.5 | 责任编辑／赵　岩 |
| 字　　数／163 千字 | 文案编辑／赵　岩 |
| 版　　次／2018 年 2 月第 1 版　2018 年 2 月第 1 次印刷 | 责任校对／周瑞红 |
| 定　　价／72.00 元 | 责任印制／边心超 |

## ○ 前言

　　"Revit 建模基础"是一门新兴课程，其编写的深度、广度难于控制，我们根据近年毕业生调研，发现建模需求量最大的并不是建筑建模，而是机电建模，所以我们弱化建筑建模，强化机电建模，紧跟国内外建筑信息技术发展动态，编写了本书。

　　本书是依据其学生宿舍楼建立模型的过程编写的。在编写教材建设过程主要经历了以下五个阶段：

　　第一阶段：我们根据学生实际就业需求，关注国内外建筑信息技术发展动态，收集积累相关的文献资料；

　　第二阶段：在"Revit 建模基础"教学的不同阶段有针对地对教师的教学和学生的学习进行测评，听取教师和学生对课程的评价和意见，及时调整教材建设方案；

　　第三阶段：对学校目前建筑进行试建模。先后建立了行政楼、食堂、学生宿舍模型，最终确定以学生宿舍模型为蓝本，建设校本教材；

　　第四阶段：美化学生宿舍模型，修改模型直至适合教学要求，编写校本教材粗稿；

　　第五阶段：用校本教材进行教学试用，在教学中我们不断收集教师与学生意见，不断改进、不断总结、最终形成成果。

经过不懈努力，教材形成以下了鲜明的特色：

1. 集成 Revit 结构、建筑、机电三大模块，使学生全面了解 Revit 强大的功能；

2. 适应学生就业市场需要，弱化建筑建模，强化机电建模；

3. 以够用为原则，不追求偏、难、怪造型，以建造一个工整、实用的房子为教学目的；

4. 任务明确，步骤简洁，叙述简明扼要；

5. 贴近学生生活，以校园实景为建设资源，提高学生学习积极性。

本书由安娜担任主编，徐锦枫、方锐、陈艳燕担任副主编，具体编写分工如下：安娜编写绪论、项目三至项目六、项目八至项目十一的项目知识平台与项目实操部分，徐锦枫编写项目一、项目二、项目七，方锐编写项目三至项目六的项目导入与项目拓展部分，陈艳燕编写项目八至项目十一的项目导入与项目拓展部分，最后由安娜统一模型，由方锐统一整理稿件并重绘用于导入的 CAD 图。

本书拥有与教材配套 PPT、配套视频资源、配套 CAD 图。

限于编者水平，书中的疏漏、谬误之处在所难免，敬请读者批评指正。

编　者

# 目 录

Contents ::▸

# 绪论

## 0.1 BIM 技术概述

BIM是"Building Information Modeling"建筑信息模型的英文缩写，其是通过将建设项目建成参数化、信息化、虚拟化实体模型呈现，形成开放式工作平台，使建筑信息能够在各参建方、各专业之间形成有效的资源共享，并通过数据整合分析，使建设项目能够得到更有效的管理。

## 0.2 BIM 软件的类型

BIM软件按用途可以分为BIM核心建模软件、BIM方案设计软件、BIM结构分析软件、BIM可视化软件、BIM模型综合碰撞检查软件、BIM深化设计软件、BIM造价管理软件和BIM运营软件八类。

### 0.2.1 BIM 核心建模软件

（1）Autodesk公司的Revit建筑、结构和机电系列。因AutoCAD在民用建筑市场深入人心，有极高的市场占有率，所以本书将重点予以介绍。

（2）Bentley建筑、结构和设备系列。Bentley产品在工厂设计（石油、化工、电力、医药等）和基础设施（道路、桥梁、市政、水利等）领域有无可争辩的优势，其为建筑工程提供的可持续性具体解决方案包括AECOsim、RAM、GenerativeComponents、Speedikon等。

（3）Nemetschek的ArchiCAD产品。其在建筑设计领域较受欢迎，但是由于汉化水平不高，与其他专业常常不能匹配，故在综合性模型建模上呈现劣势。

（4）Dassault（达索）公司的CATIA产品。其是机械设计制造软件，在航空、航天、汽车等领域具有接近垄断的市场地位，对复杂形体与超大规模建筑具有高的建模能力、表现能力和信息管理能力。为了更好地在建筑领域运用，Gery Technology公司在CATIA基础上开发了Digital Project，使其成为一个面向工程建设行业的应用软件。

（5）天正公司的天正CAD。天正CAD是一款基于AutoCAD的软件。由于其紧跟国内的规范与标准，更新及时，十分受设计人员欢迎，建模速度与Revit相近，因此，目前有很多单位使用这款软件。

## 0.2.2　BIM 方案设计软件

目前主要使用的BIM方案设计软件有Onuma Planning System和Affinity等。

## 0.2.3　BIM 结构分析软件

国外结构分析软件有ETABS、STAAD、Robot等，但由于设计规范与国内有差异，大家更青睐国产中国建科院的PKPM。

## 0.2.4　BIM 可视化软件

常用的可视化软件包括3ds Max、Artlantis、AccuRender、Sketchup和Lightscape等。这些软件可以自主建模，但模型的信息化水平低，目前常常用于BIM模型的后期渲染。

## 0.2.5　BIM 模型综合碰撞检查软件

常见的模型综合碰撞检查软件有Bentley Projectwise Navigator、Autodesk、Navisworks和Solibri Model Checker等。鲁班、广联达、斯维尔公司也有自己的BIM审图软件。

## 0.2.6　BIM 深化设计软件

Tekla Structures可以进行混凝土与钢结构深化设计，在钢结构领域具有垄断地位。

## 0.2.7　BIM 造价管理软件

国外的BIM造价管理软件主要有Innovaya和Solibri；国内BIM造价管理软件主要有广联达、鲁班、斯维尔软件。其中，广联达作为上市公司，市场占有率较高，是国内BIM造价管理软件的代表。

## 0.2.8　BIM 运营软件

ArchiBUS、Navisworks是国际上最具有市场影响的运营管理软件，运营软件能将进度、造价等文件导入3D模型文件，并附着于模型上，形成BIM5D。BIM5D有漫游、碰撞检查、施工模拟三个主要应用功能。国内的广联达、鲁班、斯维尔均推出了自己的BIM5D，并正在努力进行工程推广。

# 0.3　Revit 建模插件

Revit建模插件主要有两方面用途：一是提高建模速度；二是将Revit模型导入国产BIM软件。

## 0.3.1　速博

由于钢筋在Revit的建模过程中比较困难，因此，Autodesk公司开发了官方插件速博。这个插件的主要作用是建模时能加快配筋速度。

## 0.3.2　橄榄山快模

橄榄山快模是可以将CAD图纸转换成Revit模型的插件。其从CAD图纸中提取信息，然后再用Revit读取这个信息，生成Revit模型。橄榄山快模相当于联系Revit与CAD的桥梁，因此，一般需要在两个软件都安装插件以相互关联。如果只在Revit安装橄榄山快模插件，应把CAD文件导入到Revit里。

### 0.3.3　鸿业 BIMspace

鸿业BIMspace是为了解决Revit不易掌握、效率低的问题而开发的。其在排水、暖通和电气专业建模领域具有一定的优势。

### 0.3.4　MagiCAD

MagiCAD是一款基于AutoCAD或Revit的插件，其拥有目前数量最大的设备族库。与Revit MEP相比，MagiCAD在电缆桥架上生成支吊架的功能更加方便，其主要应用于机电建模。

## 0.4　BIM 技术的实施

### 0.4.1　统一 BIM 软件标准

项目总包单位依据相关约定，在初步设计模型的基础上，规范各个分包BIM的工作，为便于BIM模型的最终完善，因此，建立统一的BIM软件标准。

以Autodesk公司为例：Revit Architecture、Revit Structure、Revit MEP建模均采用统一的版本号，同版本的Navisworks用来进行碰撞检查和4D施工模拟。如有特殊情况，需与总包协商分包再根据实际需要选用其他应用程序，但应确保提交的模型文件可以被Revit系列软件和Navisworks与文件正确读取和修改，同时，还必须确保提交的模型文件可以在Revit系列软件下被正确地添加各类信息，做到真正的建筑信息集成。

### 0.4.2　统一 BIM 技术运用规范

应统一BIM技术运用标准来规范BIM技术的使用。BIM技术标准的主要内容包括：文件夹结构、构件命名规则、模型分类规则、模型附加信息和模型的深度标准。

核心BIM团队必须就模型的创建、组织、沟通和控制等达成共识，保证BIM模型的正确性和全面性。其包括以下几个方面：

（1）参考模型文件统一坐标原点，以方便模型集成。

（2）定义一个由所有使用方使用的文件名结构。

（3）定义模型的正确性和允许误差协议。

### 0.4.3　BIM 建模过程质量控制

为了确保项目整体的模型质量，项目进展过程中的每一个阶段模型，在对所有参与方发布前必须需要完成以下质量检查：

（1）视觉检查：保证模型充分体现设计意图，外观合格。

（2）碰撞检测：碰撞检测时，为了提高效率，避免过多的系统负担，应分层、分区域、分构件进行碰撞，不应所有构件同时参与碰撞。不同专业之间及专业和专业内部之间应有相关的流程来规范。

（3）标准检查：检查模型是否遵守既定的建模标准。

（4）元素核实：保证模型中没有未定义或定义不正确的元素。

### 0.4.4　BIM 审图

BIM审图是指全体模型完成后进行所有模型的碰撞检测，检测合格之后方可出图。综合性的模型碰撞检测对计算机等设备的要求很高，必须事先核实设备运转的能力是否能支持碰撞检测。如果不能支持碰撞检测，在运行中可能会出现卡顿甚至崩溃的情况。如果审图出现问题，应向建模各参与单位提交碰撞检测报告，双方协商修改。

## 0.5　Autodesk Revit 界面

Autodesk Revit 2014软件工作界面如图0-1所示。

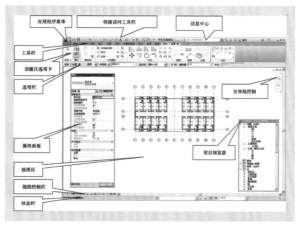

图 0-1　Autodesk　Revit　2014 软件工作界面

## 0.5.1　应用程序菜单

单击左上角的R图标可以调出应用程序菜单，如图0-2所示。

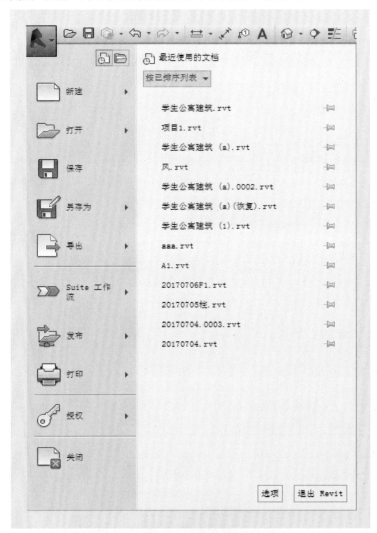

图 0-2　应用程序菜单

## 0.5.2　快捷访问工具栏与信息中心

R图标右侧上方的快捷访问工具栏可以找到常用快捷命令；信息中心可搜索相关信息。

### 0.5.3 工具栏

在工具栏里单击鼠标左键，选择工具栏名称可以打开以下功能命令：建筑、结构、系统、插入、注释、分析、体量和场地、协作、视图、管理、修改选项。最右侧的下拉三角形为三种类型的功能区按钮。

### 0.5.4 功能区选项卡

选择不同的功能命令时，功能区选项卡显示不同的内容，单击某些功能的下拉列表可以选择所需要的命令类型。

### 0.5.5 选项栏

选择不同命令时，选项栏会列出不同的选项，从中可选择子命令或设置相关参数。

### 0.5.6 绘图区

绘图区内能够展示模型的绘制结果，模型的旋转、放大、缩小等展示方式可用全导航控制盘、ViewCube来实现。

### 0.5.7 项目浏览器

Revit把所有楼层平面、天花板平面、三维视图、立面、剖面、图例、明细表、报告、施工图图纸、族、透视、渲染等全部分类放在项目浏览器中统一管理。双击视图名称即可打开视图，单击视图名称并单击右键即可找到复制、重命名、删除等常用命令。

### 0.5.8 视图控制栏

单击视图控制栏中的按钮，即可设置视图的比例、详细程度、模型样式、设置阴影、裁剪区域、隐藏/隔离等。

## 0.5.9　状态栏

当选择、绘制、编辑图元时，系统会在状态栏提示下一阶段操作方向。

## 0.5.10　属性面板

选择图元或在视图空白处单击鼠标右键，便可找到删除、缩放及相关的常用命令。

第 1 篇

# Revit 结构建模

# 项目一 标高与轴网

（1）"标高"命令可用于哪些视图中？

（2）如何实现轴线的轴网标头偏移？

## 📖 项目知识平台

Revit建成的模型通常是项目，项目是单个设计信息数据库-建筑信息模型。项目文件包含了某个建筑的所有设计信息（从几何图形到构造数据）。这些信息包括用于设计模型的构件、项目视图和设计图纸。在项目建设中标高与轴网对定位模型有着非常重要的作用，我们主要从以下方面进行学习。

### 1. 轴线与标高标头构成

轴线与标高标头构成，如图1-1所示。

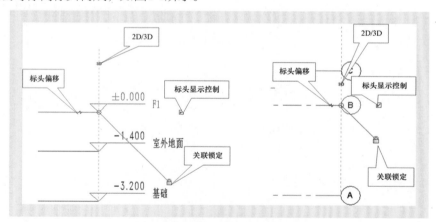

图1-1  轴线与标高标头构成

（1）轴网和标高的2D/3D影响范围命令：选2D代表轴线仅影响当前位置的视图，选3D代表轴线对其他视图关联影响，双击标头可跳转至相应平面视图。

（2）标头偏移：当两个轴网和标高标头的位置很近，不便于使用时，单击折线处，可以移动标头。

（3）标头显示控制：勾选时显示标头，取消勾选则标头不显示。

（4）关联锁定：开锁时移动单根轴线标头，关锁时移动所有被锁的标头。

2. 标高与轴网的建立

（1）首先建立标高，标高仅可在立面上建立，标高确定后方可生成对应二维平面，轴网宜在已确定的二维平面上绘制。Revit不支持三维空间绘制轴网。

（2）标高与轴网均可使用绘制、复制、阵列等方式生成，但标高仅有绘制方式可自动生成楼层平面。

## 项目实施

### 任务一　新建文件

**步骤1**　单击"建筑"→"新建"→"项目"命令，打开"新建项目"对话框，选择"结构样板"，如图1-2所示，单击"确定"按钮新建项目文件。

**步骤2**　单击"管理"→"项目设置"→"项目信息"命令，如图1-3所示，打开实例属性对话框，输入项目信息。

新建文件

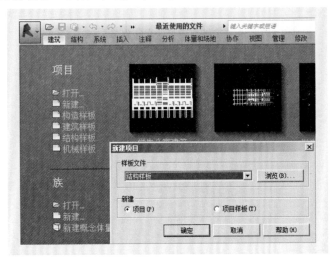

图 1-2　新建项目

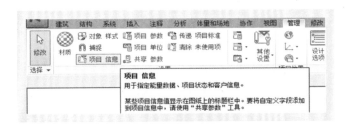

图 1-3　项目信息

**步骤3** 单击"应用程序菜单"→"另存为"→"项目"命令，或单击"快速访问工具栏"中"保存"按钮，弹出"另存为"对话框，如图1-4所示。设置保存路径，输入项目文件名为"学生公寓"，单击"保存"按钮即可保存项目文件。

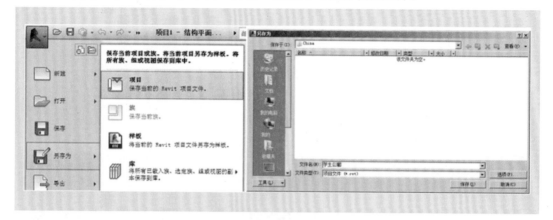

图1-4 保存项目

## 任务二 创建标高与结构平面

**步骤1** 在项目浏览器中展开"立面（建筑立面）"项，双击视图名称"南"立面进入南立面视图，调整"标高2"标高，将一层与二层之间的层高修改为3.3 m，将楼层名称改为F1、F2。如图1-5所示。

创建标高与
结构平面

**步骤2** 利用"阵列"命令，选择标高"F2"，单击"修改|标高"→"修改"→"阵列"命令，在选项栏勾选"多重复制"选项中的"多个"。输入复制份数3，间距3 300，F3和F4绘制完成，如图1-6所示。

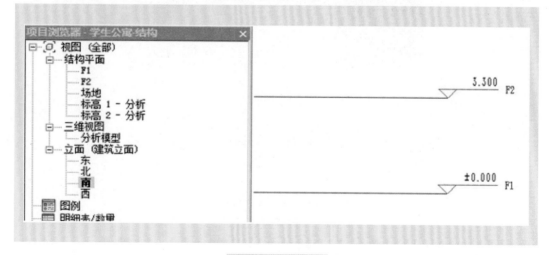

图1-5 标高修改

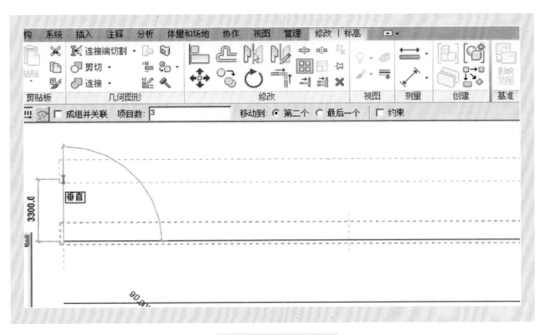

图 1-6　绘制 F3 和 F4

**步骤3**　移动光标在标高"F1"上单击捕捉一点作为复制参考点，然后垂直向下移动光标，输入间距值3 200后按Enter键确认后复制新的标高，选中新的标高修改其属性为上标头并重命名为基础，如图1-7所示。

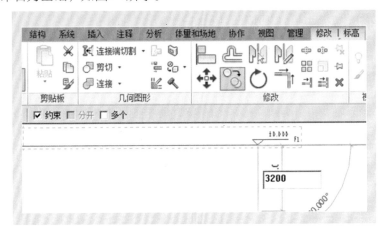

图 1-7　绘制基础

**步骤4**　将F1～F4层标高向下移动120，最终获得标高如图1-8所示。框选所有标高，单击"修改｜标高"→"修改"→"锁定"命令，锁定标高如图1-9所示。

**步骤5**　创建结构平面。单击"视图"→"创建"→"平面视图"→"结构平面"命令，打开新建结构平面对话框，选择所需创建平面的标高，单击"确定"按钮即可创建结构平面，如图1-10所示。

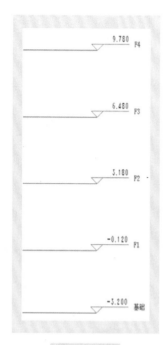

图 1-8　标高

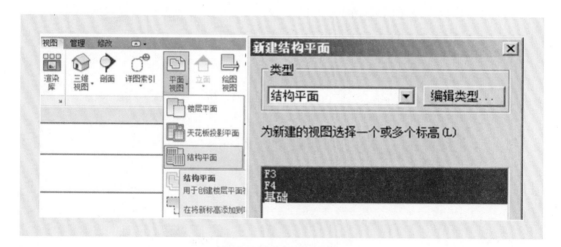

图 1-9　标高锁定

图 1-10　创建结构平面

### 任务三　创建轴网

**步骤1**　在项目浏览器中双击"楼层平面"下的"F1"视图，打开首层平面视图。导入CAD图"一层结构平面图.dwg"，选择"自动-原点到原点"的定位方式，如图1-11所示。

**步骤2**　按照CAD图"一层结构平面图.dwg"绘制第一条垂直轴线，轴号为①。

创建轴网

图 1-11　导入 CAD 图

步骤3　利用"阵列"命令创建②~⑪号轴线。单击选择①号轴线，移动光标在①号轴线上，单击捕捉一点作为复制参考点，然后水平向右移动光标，输入间距值3 600，份数11，然后按Enter键确认后复制②号轴线，如图1-12所示。

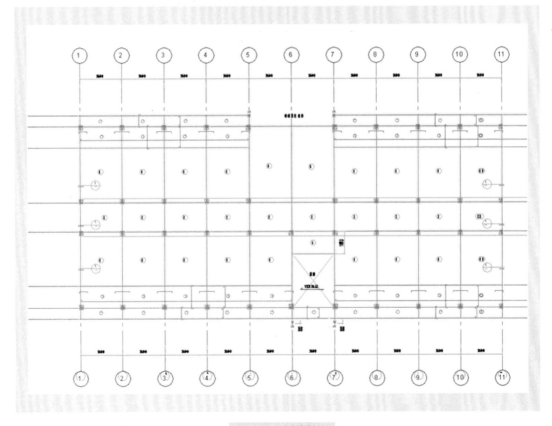

图 1-12　创建轴网

**步骤4** 单击"建筑"→"轴网"命令，移动光标到视图中①号轴线标头左下方"一层结构平面图.dwg"位置，单击鼠标左键捕捉一点作为轴线起点。然后从左向右水平移动光标到⑪号轴线右侧一段距离后，再次单击鼠标左键捕捉轴线终点，创建第一条水平轴线。选择刚创建的水平轴线，修改标头文字为"A"，创建Ⓐ号轴线。

**步骤5** 利用"复制"命令，勾选"多个"，移动光标在Ⓐ号轴线上单击捕捉一点作为复制参考点，然后垂直向上移动光标，保持光标位于新复制的轴线上侧，分别输入900、6 300、2 400、6 300、900后，按Enter键确认，完成复制，如图1-13所示。

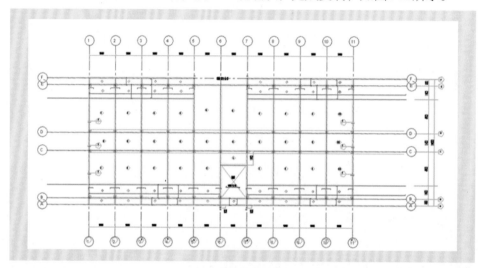

图1-13 轴线

**步骤6** 到F2层框选所有轴网，单击"修改│轴网"→"修改"→"锁定"命令，绘制完成的轴网如图1-14所示，单击"保存"按钮进行保存。

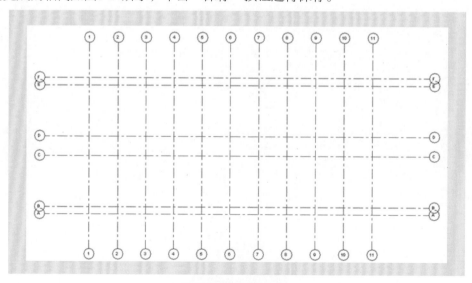

图1-14 轴网完成图

## 项目拓展

解锁

当需要对已锁定的标高和轴网进行修改时，可以框选所有轴网，单击"修改轴网"→"修改"→"解锁"命令，对所有轴网解锁；当只需要修改部分轴网时，可以单击该轴网，然后单击其上显示出的"禁止或允许改变图元位置"。

项目拓展

# 项目二　结构模型搭建

## 项目导入

（1）在Revit Architecture中如何搭建结构基础？

（2）在Revit Architecture中如何搭建结构柱？

（3）在Revit Architecture中如何搭建结构梁？

（4）在Revit Architecture中如何搭建结构板？

## 项目知识平台

Revit项目一般可分为如图2-1所示几个部分。

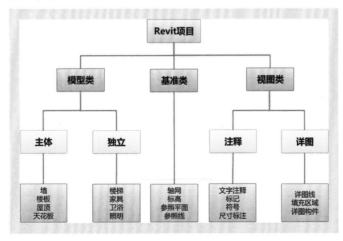

图2-1　Revit 项目

结构模型中的构件主要包括结构基础、结构柱、结构梁以及楼板，下面我们将以一栋三层的宿舍小楼为例，学习结构构件的创建以及绘制。

### 🥧 项目实施

## 任务一　搭建柱

**步骤1**　在F1层平面视图中，单击"结构"→"柱"，调出"柱"的属性对话框，单击"编辑类型"，弹出"类型属性"对话框，单击"复制"按钮，重命名为KZ1a，如图2-2所示。

搭建柱

**步骤2**　修改b、h参数值为400，单击"确定"按钮，选择放置方式为"高度"，底部标高为"基础"，顶部标高为"F4"，将鼠标移动至轴线交点处单击鼠标左键安放结构柱，如图2-3所示。

图 2-2　柱属性修改

图 2-3　柱尺寸修改

步骤3 用相同方法创建出所有的结构柱。其中KZ4和KZ4a，b为400，h为450，其他柱参数与KZ1a相同，如图2-4和图2-5所示。

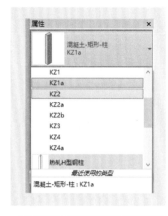

图 2-4 创建 KZ4 和 KZ4a

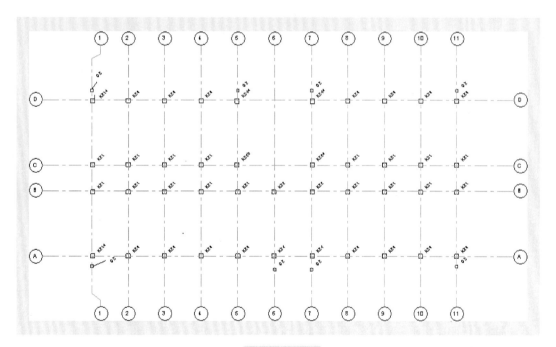

图 2-5 柱网

## 任务二 创建独立基础

独立基础长5 000 mm，顶标高−3 200 mm。

步骤1 单击"结构"→"基础"，调出"独立基础"的属性对话框，与创建结构柱类似，单击"编辑类型"，弹出"类型属性"对话框，进行参数设置，创建完成WD1，如图2-6所示。

创建独立基础

**019**

图 2-6　基础属性设置

**步骤2**　用相同方法创建出所有的独立基础。其中WD2直径为900，WD3直径为1 000。

**步骤3**　在柱底上放置独立基础。在属性中设置限制条件，标高为基础，偏移量为0，桩长为5 000。在"基础"楼层平面，单击"修改 | 放置独立基础"→"多个"→"在柱上"，框选柱，单击完成，如图2-7所示。

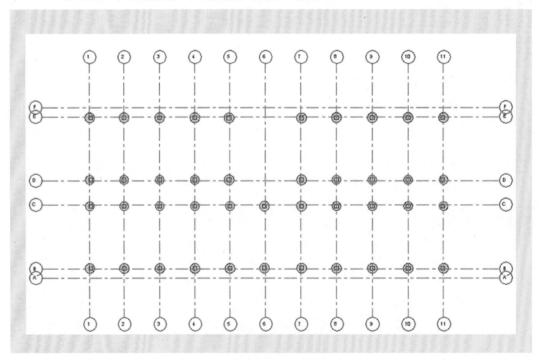

图 2-7　基础完成图

## 任务三　创建基础梁

**步骤1**　在项目浏览器中双击"结构平面"→"基础",单击"结构"→"梁",调出"梁"的属性对话框,与创建结构柱类似,单击"编辑类型",弹出"类型属性"对话框,进行参数设置,创建完成基础梁,如图2-8所示。

创建基础梁

**步骤2**　单击"属性"→"JL2",单击"绘制"面板中"直线"命令,选择"在放置时进行标记",勾选"三维捕捉",鼠标移动至轴网交点,单击绘制梁,属性框中参数设置如图2-9所示,基础柱、梁效果,如图2-10所示。

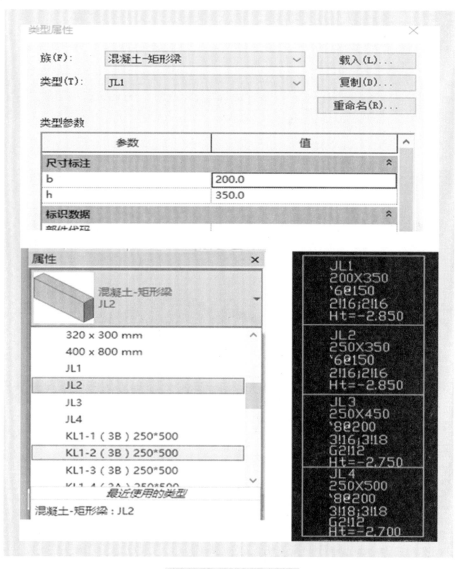

图 2-8　基础梁属性设置

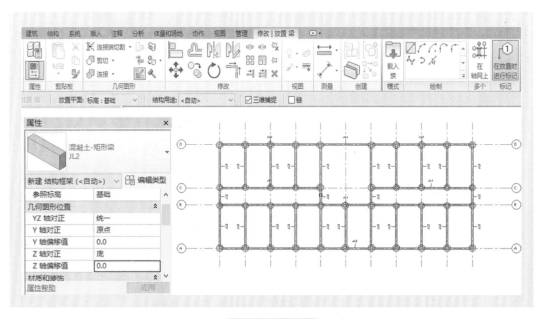

图 2-9　放置梁

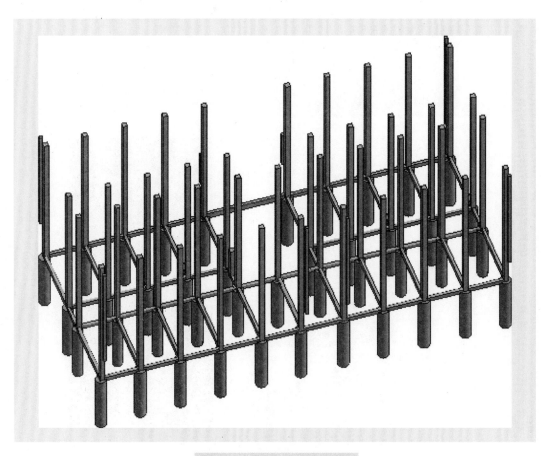

图 2-10　基础、柱、梁效果图

## 任务四　创建一层结构梁

**步骤1**　在项目浏览器中双击"结构平面"→"F1"，单击"结构"→"梁"，调出"梁"的属性对话框，与创建基础梁相同，按照"一层梁配筋图.dwg"中的参数创建出一层结构梁，如图2-11所示。

创建一层结构梁

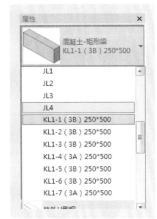

图 2-11　创建一层结构梁

**步骤2**　将基础梁复制到结构平面F1，单击"结构平面"→"基础"，框选所有结构构件，单击"修改 | 选择多个"→"选择"→"过滤器"，勾选结构框架，单击确定。然后，单击"修改 | 结构框架"→"剪贴板"→"复制到剪贴板"，单击"修改 | 结构框架"→"剪贴板"→"粘贴"→"与选定的标高对齐"，弹出"选择标高"对话框，选择F1，单击"确定"按钮，如图2-12 ~ 图2-14所示。

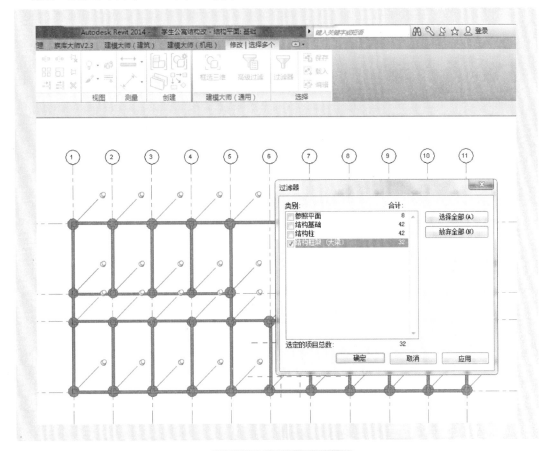

图 2-12　一层结构梁放置

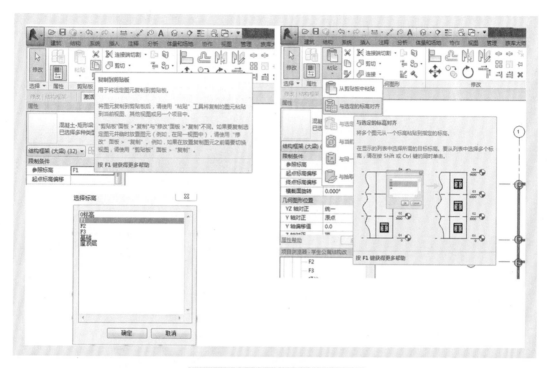

图 2-13　一层结构梁放置（一）

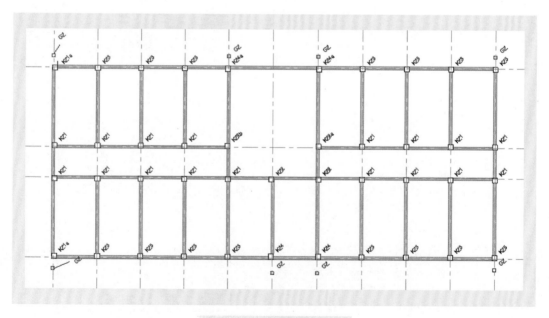

图 2-14　一层结构梁（二）

　　**步骤3**　将基础梁替换为一层所用框架梁：对照"一层梁配筋图.dwg"选择所要替换的基础梁，单击属性对话框下拉列表中的框架梁，将其替换，如图2-15所示。

　　**步骤4**　与"一层梁配筋图.dwg"对照，将一层梁绘制完整，如图2-16所示。

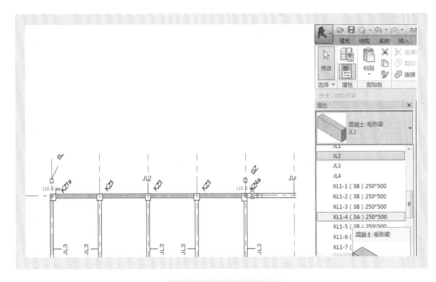

图 2-15　基础梁替换

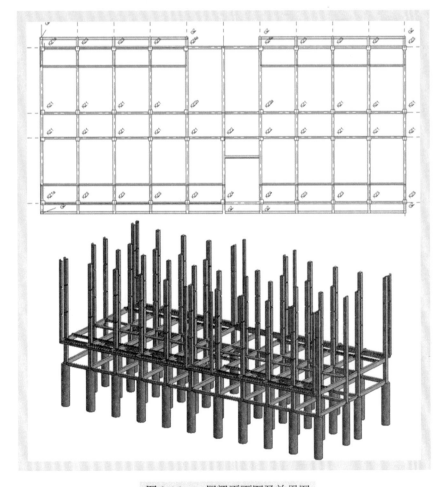

图 2-16　一层梁平面图及效果图

## 任务五　创建一层楼板

**步骤1**　在项目浏览器中双击"结构平面"→"F1"，单击"结构"→"楼板"→"楼板：结构"，调出"楼板"的属性对话框。创建一层楼板与创建结构柱类似，单击"编辑类型"，弹出"类型属性"对话框后，进行参数设置，单击"结构"→"编辑"，将"结构[1]"厚度改为120，创建完成"常规-120 mm"的楼板，如图2-17所示。

创建一层楼板

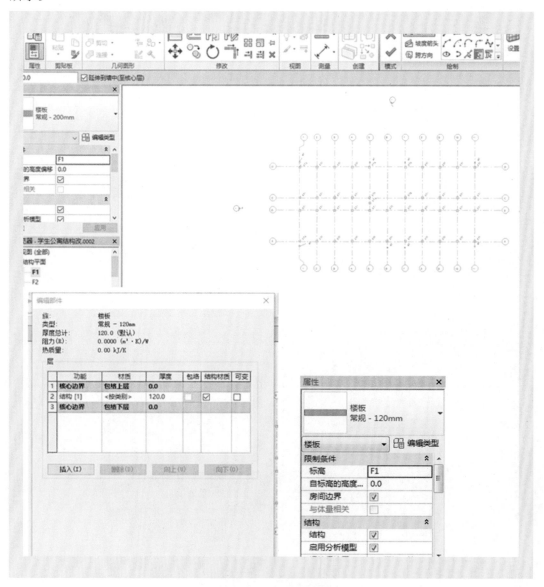

图2-17　一层楼板设置

**步骤2** 绘制楼板边界线：单击"修改丨创建楼层边界"→"绘制"→"边界线"，单击"绘制"面板中"直线"命令，勾选"链"，属性对话框中参数设置如图2-18所示，在绘图区绘制出楼板边界线。

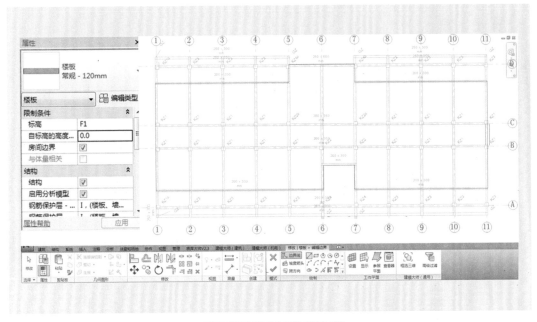

图 2-18 绘制楼板边界线

**步骤3** 绘制阳台及卫生间的楼板：创建"常规-80 mm"的楼板，自标高高度"-50"，用上述方法在绘图区绘制出楼板边界，如图2-19所示。一层楼板绘制完成，如图2-20所示。

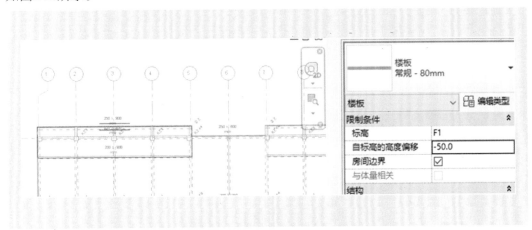

图 2-19 绘制阳台及卫生间楼板

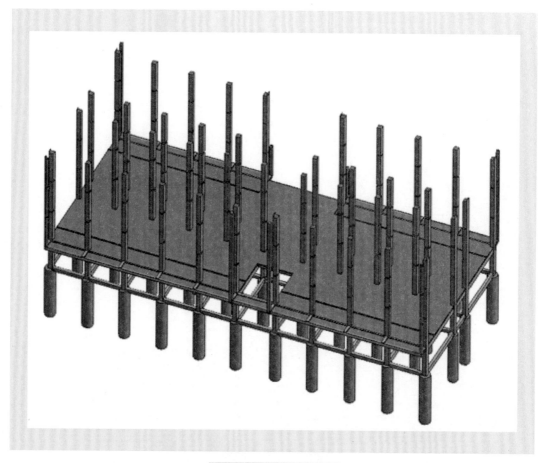

图 2-20　带楼板效果图

## 任务六　创建二层、三层结构构件

学生宿舍共三层，每层结构布局基本一样，因此，可以通过"复制"命令将一层所有的梁和楼板复制上去，再进行局部修改。

**步骤1**　选择一层梁及楼板。在南立面中，框选F1所有结构构件，单击"修改 | 选择多个"→"选择"→"过滤器"，勾选结构框架和楼板，单击确定。

创建二层、三层结构构件

**步骤2**　单击"修改 | 选择多个"→"剪贴板"→"复制到剪贴板"，单击"修改选择多个"→"剪贴板"→"粘贴"→"与选定的标高对齐"，弹出"选择标高"对话框，按住Ctrl键选择F2、F3、屋顶层，单击"确定"按钮，如图2-21所示。

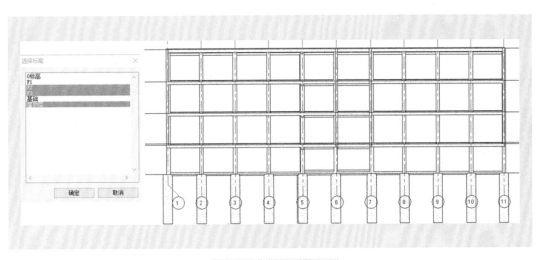

图 2-21　选定修改对象

步骤3　在结构平面F2中对照"二层结构平面图.dwg"和"二层梁配筋图.dwg"，对梁进行修改，如图2-22所示。结构平面F3的操作同上。

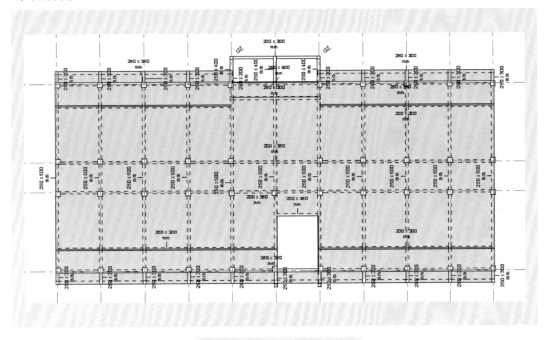

图 2-22　F2、F3 结构构件修改

步骤4　在结构平面屋顶层中对照"顶层结构平面图.dwg"和"顶层梁配筋图.dwg"，对梁进行修改，如图2-23所示。

第 1 篇　第 2 篇　第 3 篇

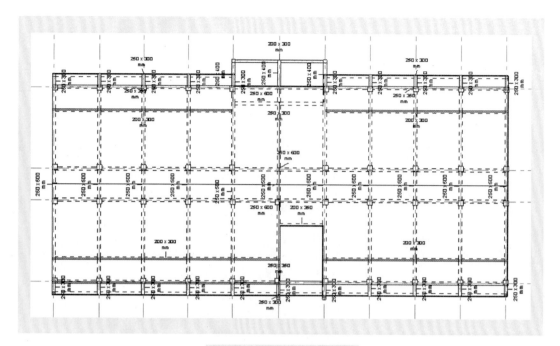

图 2-23 顶层结构构件修改

**步骤5** 在结构平面屋顶层中，将复制上去的楼板删除，绘制"常规-200 mm"的楼板，如图2-24所示。

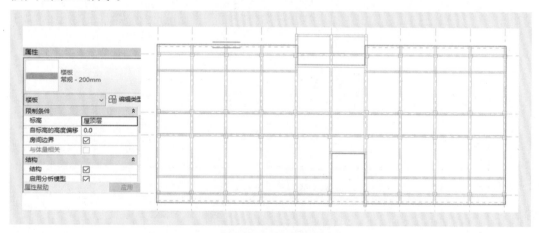

图 2-24 屋顶层楼板

**步骤6** 将结构构件绘制完成后，进入三维视图，框选模型，锁定并保存。绘制完成的结构模型如图 2-25所示。

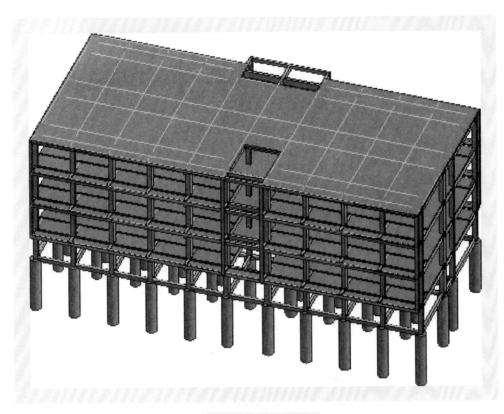

图 2-25　结构模型图

### 项目拓展

#### 一、镜像

在绘制结构柱时，由于结构柱几乎是左右对称且上下对称的，因此，可以用镜像命令来快速完成绘制。

**步骤 1**　首先绘制出①～⑤轴与ⓒ轴、ⓓ轴交点处的结构柱，如图 2-26 所示。

**步骤 2**　框选图 2-26 所示结构柱，单击"结构"→"工作平面"→"参照平面"，单击"修改 | 放置参照平面"→"绘制"→"直线"命令，鼠标移动至绘图区，在ⓑ轴、ⓒ轴中间绘制一条平行的参照平面，如图 2-27 所示。

镜像

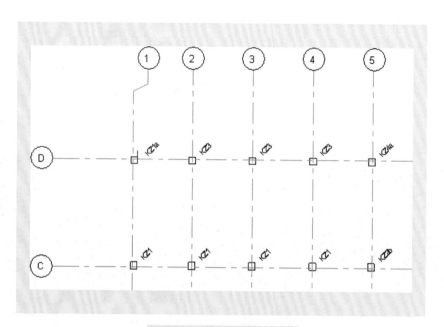

图 2-26　绘制交点处结构柱

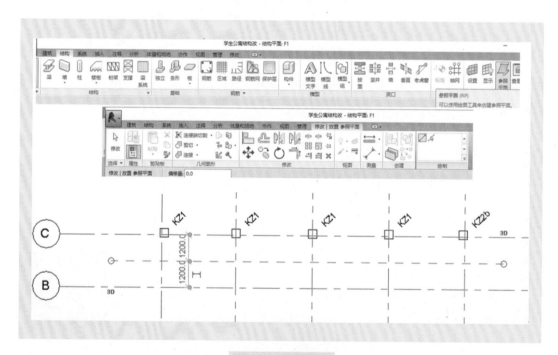

图 2-27　参照平面

　　**步骤3**　框选图2-27所示结构柱，单击"修改｜选择多个"→"修改"→"镜像"，将鼠标移动至绘图区，单击参照平面，如图2-28所示。

　　**步骤4**　框选①~⑤轴上的结构柱，以⑥轴为对称轴，用"镜像"命令将其复制到剩下5根纵轴上，如图2-29所示。

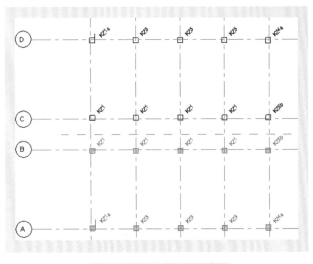

图 2-28　镜像操作效果图

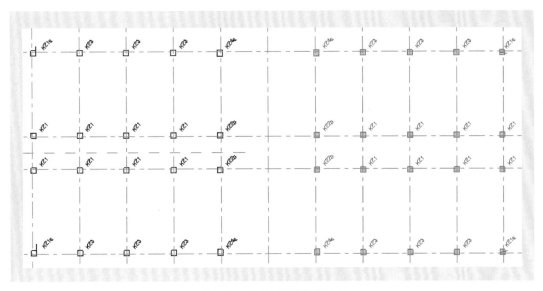

图 2-29　镜像操作效果图

## 二、临时隐藏

在修改复制到F2、F3结构平面上的梁时，可以用"临时隐藏"命令将结构柱、楼板等构件隐藏，以方便操作。

**步骤1**　框选F2平面所有构件，单击"过滤器"，勾选除梁以外的所有构件，单击"确定"按钮，如图2-30所示。

**步骤2**　框选F2平面所有单击视图控制栏中的"临时隐藏/隔离"→"隐藏图元"，如图2-31和图2-32所示。

临时隐藏

**033**

图 2-30　临时隐藏

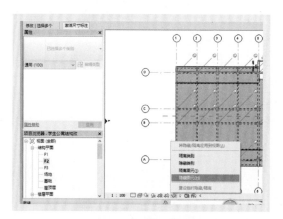

图 2-31　隐藏图元操作

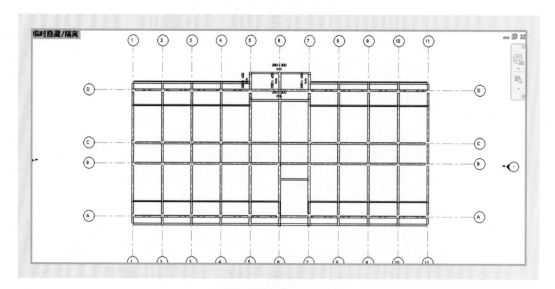

图 2-32　隐藏图元效果

步骤3　需要撤销临时隐藏时，单击"临时隐藏"→"重设临时隐藏/隔离"即可，如图2-33所示。

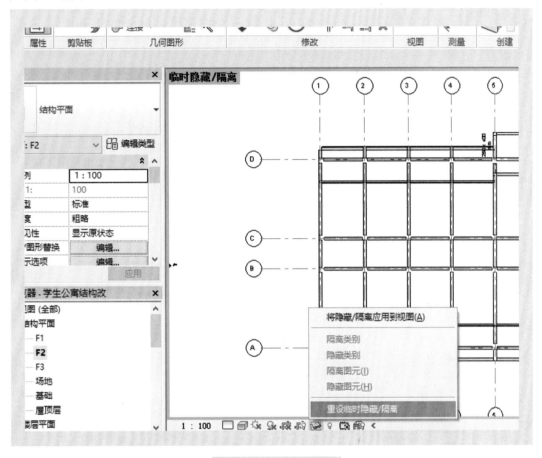

图 2-33　撤销临时隐藏

## 三、异形柱的绘制

在工程实践中有时会遇到需要绘制异形柱的情况，下面介绍载入族和创建结构柱族文件两种方法。

方法一：载入族

步骤1　单击"结构"→"柱"，在"修改放置结构柱"→"模式"中单击"载入族"，弹出"载入族"对话框，如图2-34所示。

步骤2　单击"载入族"对话框中的"结构"→"柱"→"混凝土"，选择"混凝土柱-T形"，单击"打开"按钮。可以在属性对话框看到"混凝土柱-T形-标准"，如图2-35所示。

异形柱的绘制

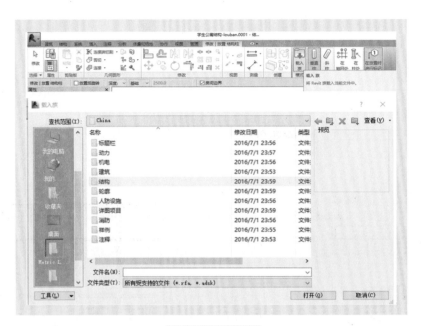

图 2-34　载入族

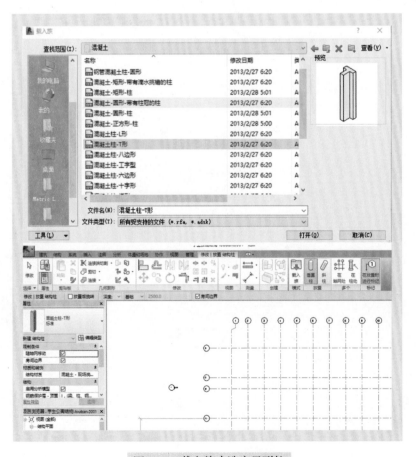

图 2-35　载入族中选定异形柱

**步骤3** 单击"编辑类型",可以对尺寸标注进行修改,修改好后在绘图区就可以安放T形柱,如图2-36所示。

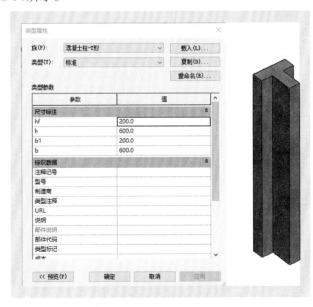

图 2-36 T形柱参数设定

方法二:创建结构柱族文件

**步骤1** 单击"新建"→"族",在"选择样板文件"对话框中选择"公制结构柱",单击"打开"按钮,如图2-37和图2-38所示。

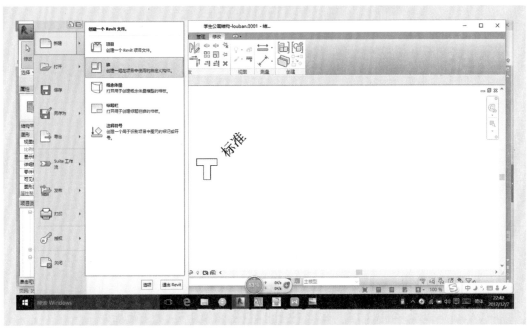

图 2-37 新建族

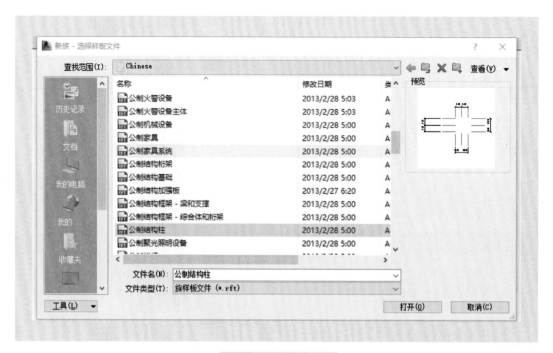

图 2-38　公制结构柱

　　**步骤2**　单击"创建"→"形状"→"拉伸"，在"修改创建拉伸"→"绘制"面板中选择"直线"命令，将深度设置为3 500，勾选链，将鼠标移动至绘图区即可绘制异形柱的截面形状。绘制完成后单击"模式"→"完成编辑模式"，如图2-39和图2-40所示。

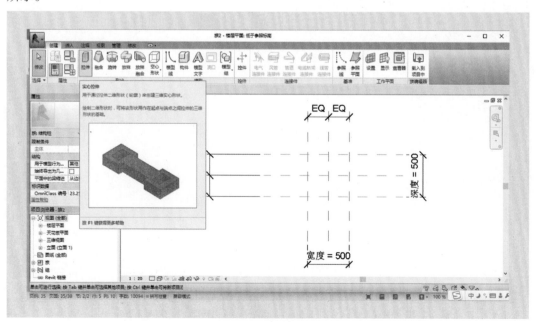

图 2-39　创建柱

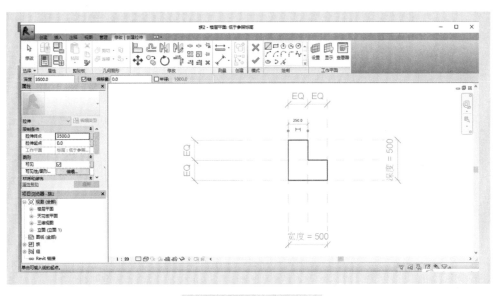

图 2-40　设定异形柱尺寸

步骤3　单击"修改"→"属性"→"族类型"，弹出"族类型"对话框，单击"参数"→"添加"，在"参数属性"对话框中命名A1，用同样的方法添加尺寸标注A2、B1、B2，如图2-41所示。

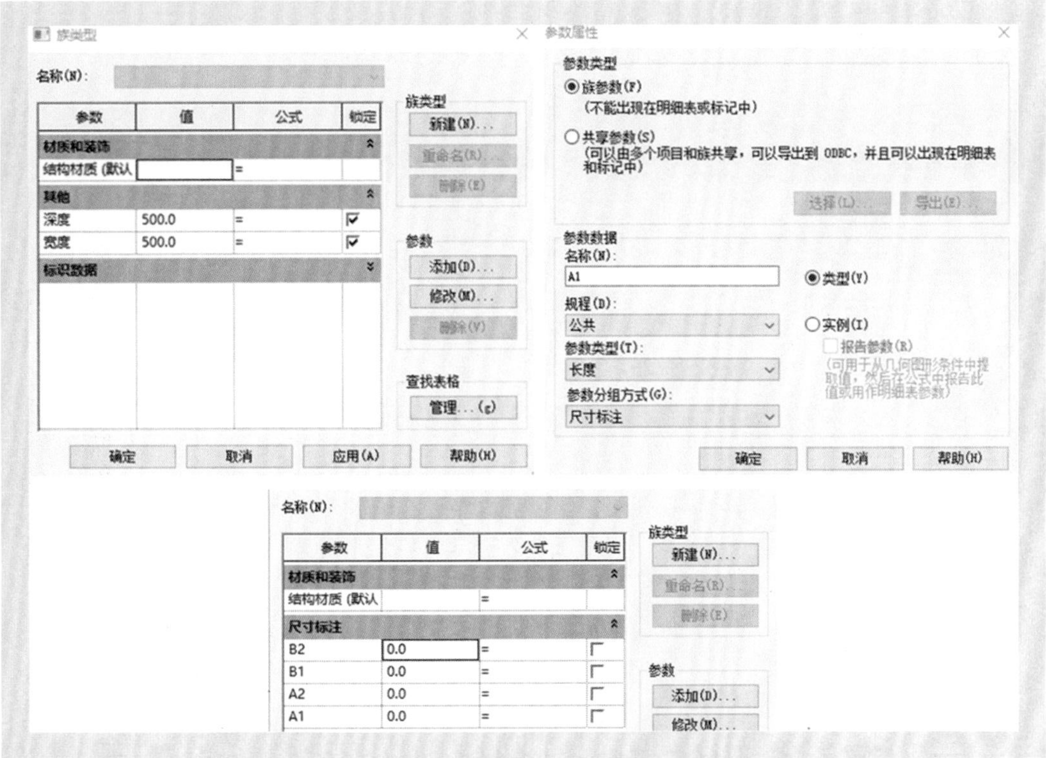

图 2-41　设定族参数

步骤4 单击"修改"→"测量"→"对齐尺寸标注"，对所创建的拉伸进行尺寸标注，如图2-42所示。

步骤5 单击要添加标签的尺寸标注，在属性对话框中单击"其他"→"标签"→"A1"，用同样的方法添加其他标签，如图2-43所示。

图 2-42 尺寸标注

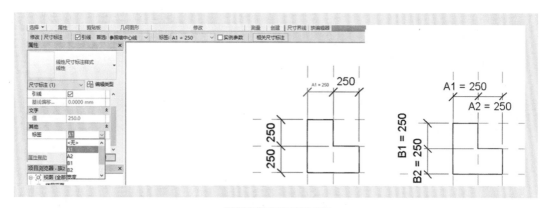

图 2-43 设定参数

步骤6 单击"修改"→"族编辑器"→"载入到项目中"，在"属性"对话框下拉列表中可以看到创建的"族2"，单击"编辑类型"可对尺寸标注进行修改，修改后即可在绘图区安放异形柱"族2"，如图2-44所示。

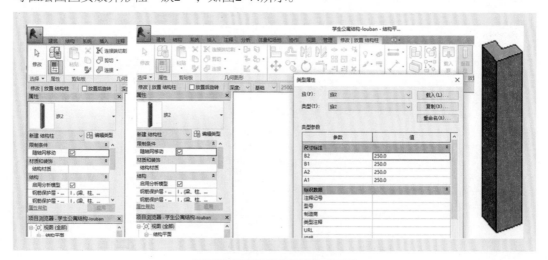

图 2-44 异形柱参数及效果图

第 **2** 篇

Revit 建筑建模

# 项目三 建筑标高与轴网

## 项目导入

（1）"标高"命令可用于哪些视图？
（2）如何实现轴线的轴网标头偏移？

## 项目知识平台

在BIM系统中，链接已经完成结构模型，定位新建筑模型有着非常重要的作用，我们要从以下方面进行学习。

### 一、建筑模型与结构模型的区别

（1）结构模型中的梁板柱可以进行配筋，建筑模型中的梁板柱不可以进行配筋。
（2）建筑模型因为在结构楼板的表面有装饰的砂浆、瓷砖、木地板等，通常楼板标高比结构楼板高100～150 mm。

### 二、建筑标高与轴网的建立

（1）首先建立标高，标高可以通过协同从结构模型复制来以后进行调整。
（2）轴网可以通过协同从结构模型复制，也可以通过导入的CAD图中拾取，为了练习需要，本项目示例采用拾取。

## 项目实施

### 任务一 新建文件

**步骤1** 单击"新建"→"项目"命令，打开"新建项目"对话框，单击"浏览"，选择"建筑样板-学生公寓建筑"，单击"打开"按钮，再单击"确定"按钮新建项目文件，如图3-1所示。输入项目信息，参看结构部分。

新建文件

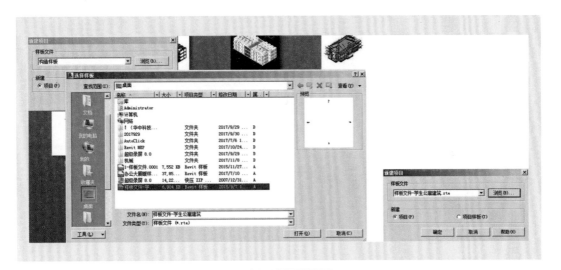

图 3-1　新建项目

**步骤2**　单击"插入"→"链接"→"链接Revit"命令，打开如图3-2所示的"导入 ／链接"对话框，选择"学生公寓结构"，定位使用"自动-原点到原点"。

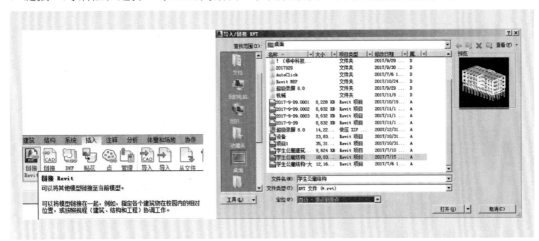

图 3-2　项目信息

**步骤3**　单击"应用程序菜单"→"另存 为"→"项目"命令，或单击"快速访问工具 栏"中"保存"按钮，打开"另存为"对话 框，设置保存路径，输入项目文件名为"学生 公寓-建筑"，单击"保存"按钮即可保存项目 文件，如图3-3所示。

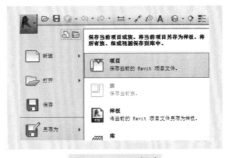

图 3-3　项目保存

## 任务二　创建标高与建筑平面

**步骤1**　在项目浏览器中展开"立面（建筑立面）"项，双击视图名称"南"立面进入南立面视图，删除样板自带标高，如图3-4所示。单击"协作"→"坐标"→"复制/监视"→"选择链接"命令，框选"学生公寓-结构"，如图3-5所示。界面随之发生变化。

创建标高与
建筑平面

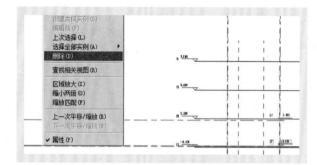

图 3-4　删除样板自带标高

图 3-5　协作

**步骤2**　在新界面中单击"复制/监视"→"复制"命令，在选项栏勾选"多个"，单击 ▼ 图标，过滤所有标高，在选项栏单击"完成"按钮，在功能区选项卡单击"√"，标高被复制，如图3-6、图3-7和图3-8所示。

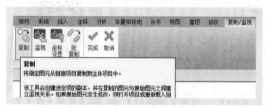

图 3-6　复制标高（一）

图 3-7　复制标高（二）

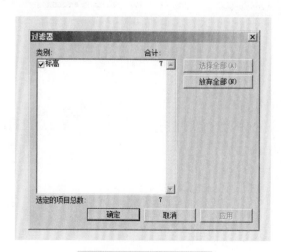

图 3-8　复制标高（三）

**步骤3** 选中F1～F4标高，上移120 mm，锁定，如图3-9和图3-10所示。在属性中将F1改为"GB-零标高符号"。

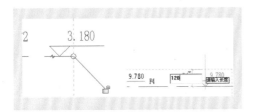

图3-9 修改标高（一）

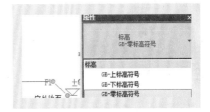

图3-10 修改标高（二）

**步骤4** 创建楼层平面，如图3-11所示。详细步骤参考结构部分。

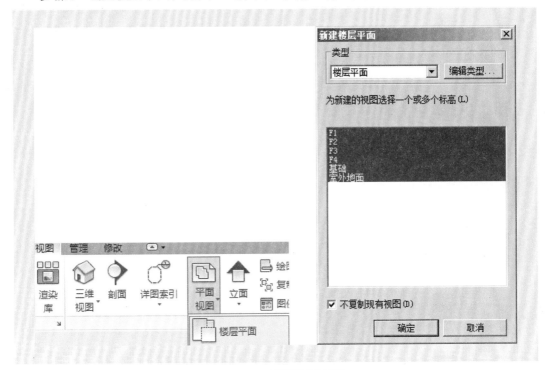

图3-11 创建楼层平面

## 任务三 创建轴网

**步骤1** 在项目浏览器中双击"楼层平面"选项下的"F1"视图，打开首层平面视图。导入CAD图"学生公寓建筑-楼层平面-F1.dwg"，定位使用"自动-原点到原点"，如图3-12所示。

**步骤2** 使用拾取轴线命令，①～⑪，Ⓐ～Ⓕ依次建立建筑轴线，如图3-13所示。

创建轴网

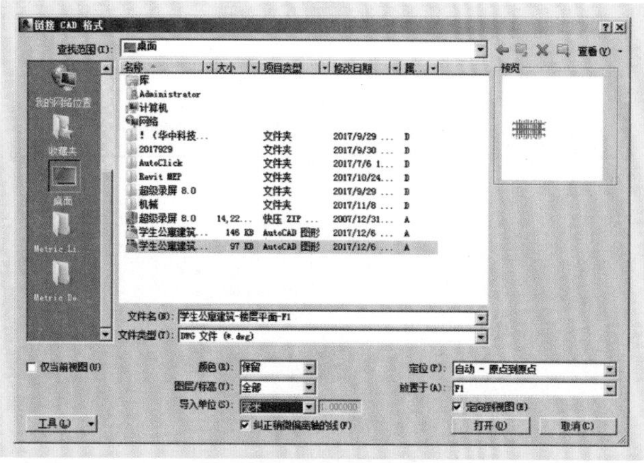

图 3-12　导入 CAD 图

图 3-13　拾取轴线

---

## 项目四　墙体与楼板

### ✎ 项目导入

（1）"墙体"命令可用于哪些视图？

（2）如何创建楼板？

### 📖 项目知识平台

在BIM系统中，墙体与楼板，我们要从以下方面进行学习。

### 一、墙体类型

墙体类型分为内墙、外墙、叠层墙三类。

（1）内墙：内墙一般为100 mm或200 mm厚度，加上砂浆、涂层、墙纸，以首层为例，其高度一般由F1楼板上顶面至F2下底面，如果有梁，应在梁下。

（2）外墙：内墙应顺时针方向绘制，才可保证内外面正确，其高度与内墙不同，需要把楼板包络在内，以首层为例，其高度一般由F1楼板下底面至F2。

（3）叠层墙：建筑设计上因为美观的需要，一堵墙的下半段与上半段装饰方式不同，需要用到叠层墙。叠层墙可由两种不同墙体复合而成。

## 二、墙体与楼板的建立

（1）首先建立外墙，可以通过CAD图辅助建立，也可以自己设计。

（2）建立楼板，可以拾取墙，也可以绘制楼板轮廓，轮廓完成后单击"完成绘制"命令创建楼板，在完成楼板后弹出的"剪切"对话框中选择"是"，楼板与墙相交的地方将自动剪切，楼板侧面裸露于墙外，这种情况一般是地下室；地上的部分弹出的对话框中应选择"否"，楼板与墙相交的地方将不会自动剪切。这样楼板包裹于墙内。

（3）建立内墙，注意墙与墙之间的连接。

### 📊 项目实施

### 任务一  绘制一层外墙

**步骤1**  将灰色花岗岩、灰色瓷砖图片文件放入材质库。路径为X:\Program Files（x86）\Cmmon Files\Autodesk Shared\Materials\Textures\3\Mats。

绘制一层外墙

**步骤2**  单击"建筑"→"墙"→"墙：建筑"命令，在墙属性中，下拉墙选项中选择"普通砖 – 200 mm"，单击"编辑类型"，弹出"类型属性"对话框，如图4-1所示。

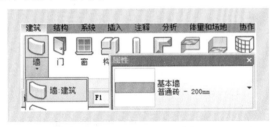

图 4-1  墙类型属性

**步骤3**  复制生成新的类型，名称修改为"灰色花岗岩外墙"，如图4-2所示。

图 4-2  设定墙名称

**步骤4** 在"类型参数"→"构造"→"结构"中设置灰色花岗岩外墙构造，如图4-3所示。

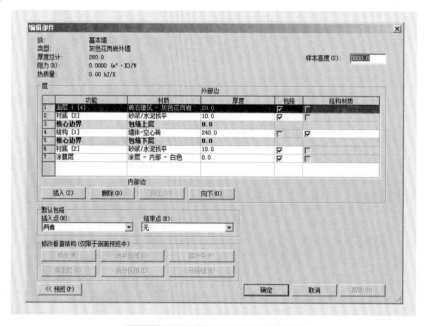

图4-3 灰色花岗岩外墙参数设置

**步骤5** 单击"建筑"→"墙"→"墙：建筑"命令，在墙属性中，下拉墙选项中选择"灰色花岗岩外墙"，单击"编辑类型"，新建"灰色瓷砖外墙"，设置"灰色瓷砖外墙"构造如图4-4所示。

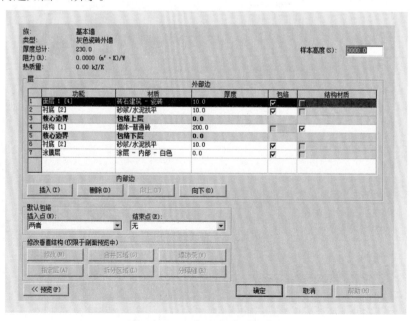

图4-4 灰色瓷砖外墙参数设置

**步骤6** 在F1楼层，单击"建筑"→"墙"→"叠层墙"命令，在属性选项中选择"外部-带金属立柱的砌块上的砖"，在属性面板单击"编辑类型"→"类型属性"→"编辑部件"，设置"外部-灰色叠层墙"构造如图4-5所示。

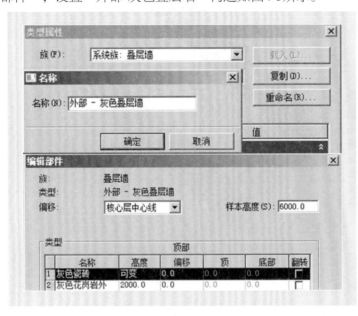

图4-5 外墙构造层设置

**步骤7** 单击"建筑"→"墙"→"墙：建筑"命令，在属性选项中选择"外部-灰色叠层墙"，调整属性面板"底部限制条件"为"F1"，"偏移"为"－1400"，"顶部限制条件"为"直到标高：F2"，如图4-6所示。

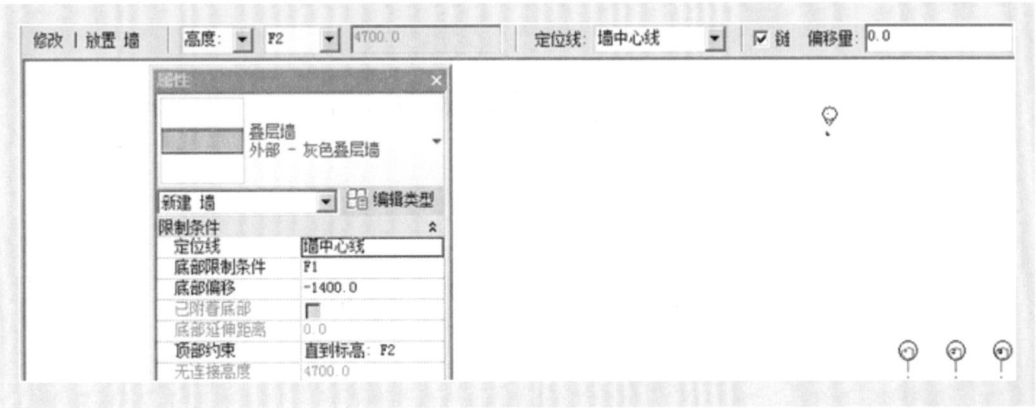

图4-6 一层公共区楼板

**步骤8** 单击"直线"命令，移动光标单击鼠标左键选择CAD图上外墙起点，顺时针依次单击外墙体中心线。

**步骤9** 通过过滤隐藏其他构件，保存文件，完成后的一层外墙如图4-7所示。

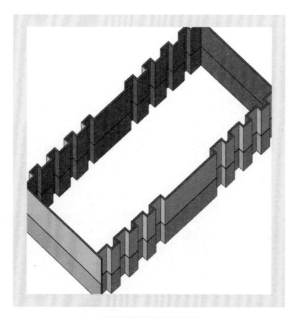

图 4-7 完成外墙

## 任务二 绘制一层内墙

**步骤1** 绘制单间200 mm内墙。

单击"建筑"→"墙"命令，在属性选项中选择"基本墙：普通砖－200 mm"，"定位线"选择"墙中心线"，设置实例参数"底部限制条件"为"F1"，"顶部限制条件"为"直到标高：F2"，偏移为－120，如图4-8所示。

绘制一层内墙

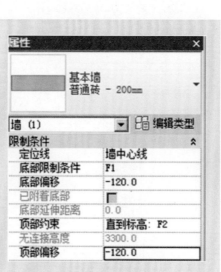

图 4-8 楼板构造

在选项栏中单击"直线"绘制命令，绘制200 mm内墙如图4-9所示。

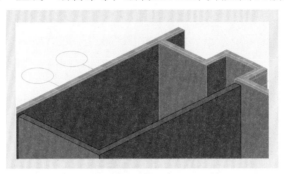

图 4-9    200 mm 内墙

**步骤2**    绘制单间100内墙，与上一步骤类似。完成后的单间墙体如图4-10所示，保存文件。

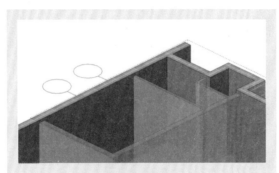

图 4-10    单间 100 mm 内墙

## 任务三    绘制一层楼板

**步骤1**    单击"建筑"→"楼板"命令，在"属性"选项中选择楼板类型为"常规 100 mm"。单击"编辑类型"→"类型属性"→"编辑部件"，复制出新建"楼板－瓷砖"类型。其构造层设置如图4-11所示。

绘制一层楼板

图 4-11    楼板构造

步骤2  打开一层平面F1。单击"建筑"→"楼板"命令，进入楼板绘制模式。选择"绘制"面板，单击"拾取墙"或"拾取线"命令，如图4-12在选项栏中设置偏移为："－20"，移动光标到内墙内边线上，依次单击拾取内墙内边线自动创建楼板轮廓线，如图4-13所示。拾取墙创建的轮廓线可自动和墙体保持关联关系，在跳出的关联选项选"否"，拾取线创建的无关联关系。

图 4-12  楼板设置与绘制

图 4-13  楼板轮廓线

步骤3  单击"√"完成绘制命令，创建一层单间楼板如图4-14所示。注意：卫生间（瓷砖）下沉10 mm，房间（水磨石）不下沉，如图4-15所示。

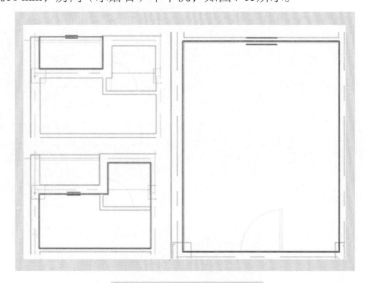

图 4-14  创建一层单间楼板

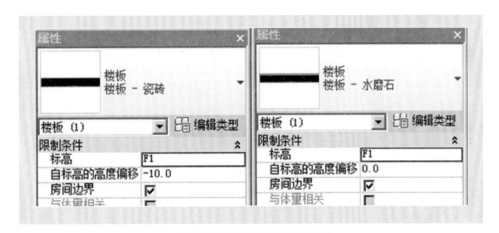

图 4-15　卫生间下沉 10 mm

**步骤4**　将内墙、楼板形成组。

（1）单击"修改"→"创建组"，如图4-16所示。

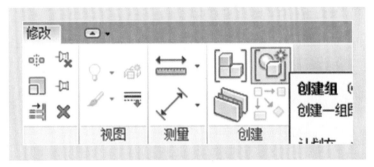

图 4-16　创建组

（2）在弹出的"创建组"对话框中，输入名称"单间"，如图4-17所示。

图 4-17　修改组名称

（3）在弹出的对话框中，单击"添加"，将内墙、楼板加入后单击"√"，如图4-18所示。注：若不能选中楼板，单击"修改"→"选择"→"按面选择图元"。

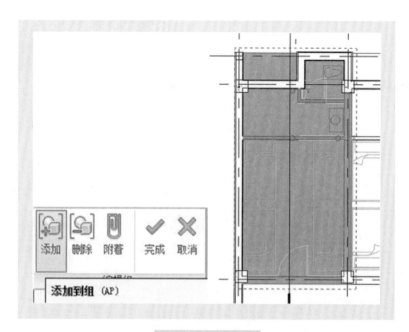

图 4-18　添加到组

**步骤5**　利用"镜像"与"阵列"等工具，复制组到整个楼层。其结果如图4-19所示。

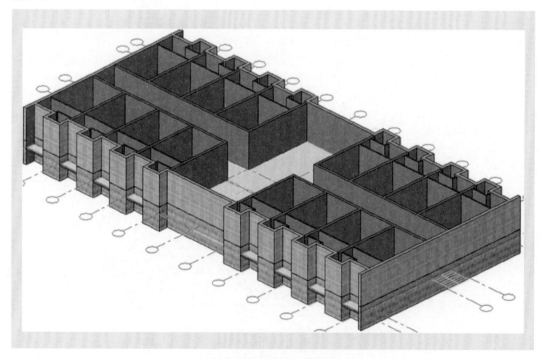

图 4-19　复制组到整个楼层

**步骤6**　参考前面步骤创建一层公共区楼板如图4-20所示。

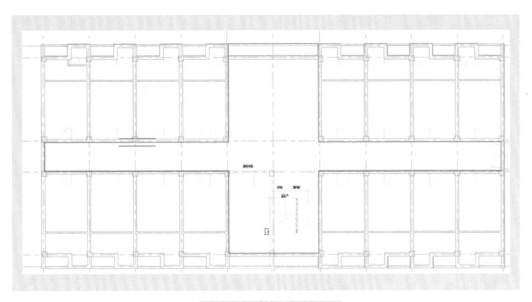

图 4-20　一层公共区楼板

## 任务四　绘制其他层

**步骤1**　绘制基础层挡土墙。

（1）在项目浏览器切换到基础楼面视图，单击"建筑"→"墙"命令，在属性中选择"基本墙：挡土墙"类型，在选项栏单击"直线"绘制命令，"定位线"选择"墙中心线"，如图4-21所示。

（2）设置"底部限制条件"为"基础"，"顶部约束"为"直到标高：室外地面"，如图4-21所示。

绘制其他层

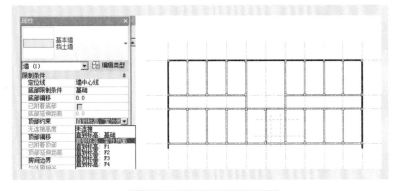

图 4-21　绘制基础层挡土墙

**步骤2**　绘制F2～F3层外墙。

（1）利用过滤器选中叠层墙，如图4-22所示。

（2）在属性中将顶部约束改为"直到标高：F4"，则墙体完成如图4-23所示。

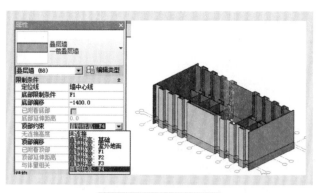

图 4-22　选中叠层墙　　　　　　图 4-23　完成墙体绘制

**步骤3**　绘制F2～F3层内墙。

（1）切换到立面视图，利用过滤器选中内墙与楼板，如图4-24所示。所有内墙将全部高亮显示，单击鼠标左键，一层内墙与楼板将全部选中，构件蓝亮显示。单击菜单栏"修改"→"剪贴板"→"复制到剪贴板"命令。

（2）单击"修改"→"粘贴"→"与选定的标高对齐"命令，如图4-25所示，打开"选择标高"对话框。同时按住Shift键选择F2、F3，单击"确定"按钮。一层平面的内墙都被复制到F2、F3平面，如图4-26所示。

图 4-24　过滤器

图 4-25　粘贴

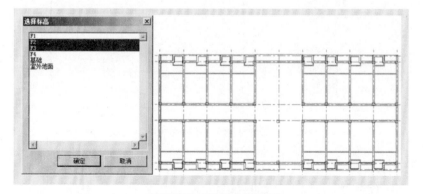

图 4-26　复制到 F2、F3

（3）打开F2、F3视图，修改楼板，如图4-27所示。

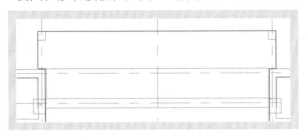

图 4-27　打开 F2、F3 修改楼板

（4）打开F4视图，绘制覆盖楼面的楼板，如图4-28所示。

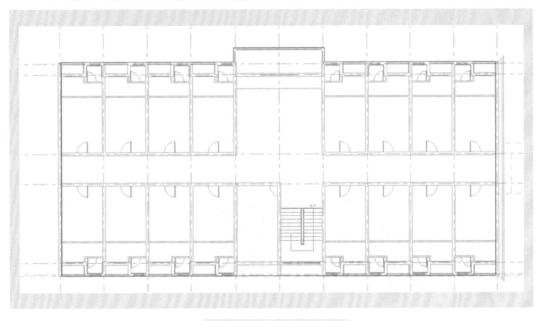

图 4-28　打开 F4 绘制楼板

## 项目拓展

叠层墙装饰线的创建步骤如下：

**步骤1**　单击"插入"→"载入族"→"轮廓"→"常规轮廓"→"装饰线条"→"腰线"，在菜单中选择"腰线70×35"，单击"打开"按钮，如图4-29所示。

**步骤2**　进入三维视图，单击"建筑"→"墙"→"墙：建筑"，在下拉列表中选择"墙饰条"，单击"编辑类型"，打开"类型属性"对话框，新建墙饰条类型"墙饰条1"，设置其轮廓为"腰线70×35"，材质为"白色涂料"，单击"确定"按钮完成设置，如图4-30所示。

图 4-29　载入族

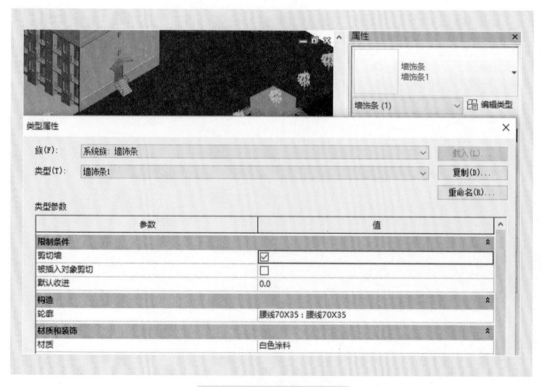

图 4-30　叠层墙墙饰条设置

**步骤3** 依次选择叠层墙交接缝处，在墙上移动线条，看见浅蓝色线时单击，完成墙饰条绘制如图4-31所示。

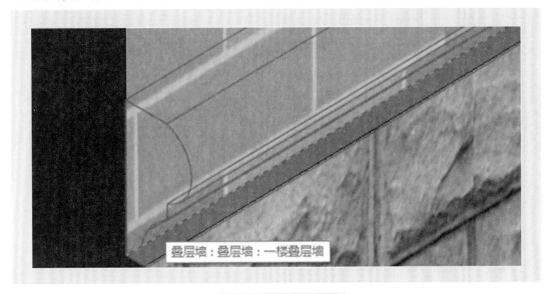

图 4-31 叠合墙墙饰条

**步骤4** 如果需要美化线条端头，在三维视图中，选择外墙的墙饰条，单击"修改 | 墙饰条"→"墙饰条"→"修改转角"命令，单击墙饰条端部截面，墙饰条端部自动转折90度，如图4-32所示。

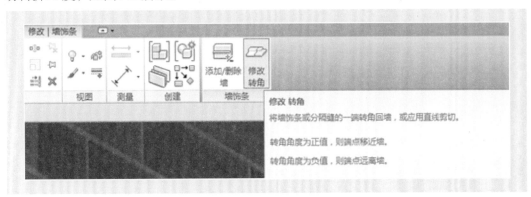

图 4-32 修改转角

项目五 | 门窗与幕墙

### 项目导入

（1）门窗族的类型有哪些？
（2）如何将门窗加入组？
（3）如何创建玻璃幕墙？

### 项目知识平台

在BIM系统中，门窗与幕墙，我们要从以下方面进行学习。

#### 一、门窗族类型

门窗族类型分为以下三类：

（1）门：Revit Architecture中自带的门有卷帘门、普通门、装饰门以及一些门构件，如果自带门的样式、材质不能满足要求，可以对族进行编辑。

（2）窗：Revit Architecture中自带的窗有普通窗、装饰窗、窗台披水以及窗样板，如果自带窗的样式、材质不能满足要求，可以对族进行编辑，也可以利用窗样板新建窗。

（3）幕墙：幕墙是现代建筑设计中被广泛应用的一种建筑构件，由幕墙网格、竖梃和幕墙嵌板组成。在Revit Architecture中，根据幕墙的复杂程度分为常规幕墙、规则幕墙系统和面幕墙系统。

#### 二、门窗与幕墙的建立

（1）建立门窗，既可以通过CAD图辅助定位，也可以自己设计。

（2）门窗的属性，可以通过"载入族"命令，导入需要的门窗。

（3）建立幕墙，常规幕墙是墙体的一种特殊类型，其绘制方法和常规墙体相同，并具有常规墙体的各种属性，可以像编辑常规墙体一样用"附着""编辑立面轮廓"等命令编辑常规幕墙。幕墙的放置方法与普通墙一样，主要区别在于分格的设置。

## 项目实施

### 任务一　放置门与窗

**步骤1**　打开"F1"视图，单击"建筑"→"门"命令，在属性选项中选择"装饰木门-M0921"类型，在选项栏上选择"在放置时进行标记"，以便对门进行自动标记，要引入标记引线，应选择"引线"并制定长度，如图5-1所示。

放置门与窗

**步骤2**　在墙上单击放置单间的客房门。将光标放在门上，此时会出现门与周围墙体距离的蓝色相对尺寸，如图5-2所示。可以通过调整尺寸修改门的位置。按空格键可以控制门的4个开启方向。

**步骤3**　单击"建筑"→"门"命令，在属性选项中选择"装饰木门-M0921"类型，在选项栏上选择"在放置时进行标记"，在墙上单击放置卫生间门，如图5-3所示。

图 5-1　门属性设置

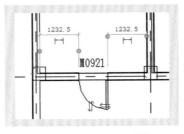

图 5-2　门属性修改

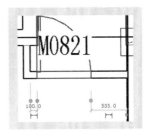

图 5-3　卫生间门

**步骤4**　同理，单击"建筑"→"门"命令，在属性选项中选择"塑钢推拉门"类型，在选项栏上选择"在放置时进行标记"，在墙上单击放置阳台门。在属性选项中选择"门洞"类型，在选项栏上选择"在放置时进行标记"，在墙上单击放置1 000×2 000门洞。

**步骤5**　单击"建筑"→"窗"命令。在属性选项中选择"C0915"，按图5-4所示位置，在墙上单击将窗放置在合适位置。

**步骤6**　放置底层大门，如图5-5所示。

**步骤7**　设备间放置百叶窗。

单击"建筑"→"窗"命令。选择"C0915"，单击"编辑类型"，在"类型属性"对话框中，单击"族"后面的"载入"命令，在弹出的"打开"对话框中选择"建筑"→"窗"→"普通窗"→"百叶窗"→"百叶窗4-角度可变"，如图5-6～图5-9所示，在墙上单击将窗放置在合适位置。

图 5-4 放置窗

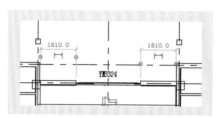

图 5-5 放置底层大门

图 5-6 类型属性

图 5-7 打开窗

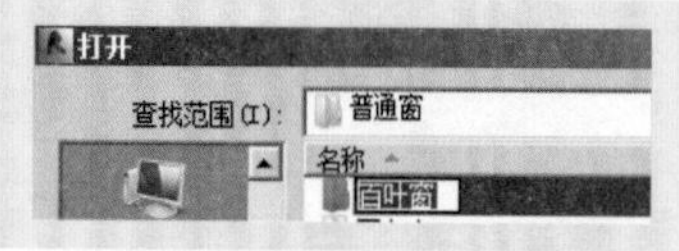

图 5-8 选择百叶窗

图 5-9 材质与装饰属性

步骤8 通过复制等方法完成其他楼层的公共门窗。

## 任务二　将门窗加入组

将门窗加入组

**步骤1**　单击任意组中的墙或楼板，界面出现"修改｜模型组"。

**步骤2**　选中门与窗，加入组。

（1）单击"编辑组"→"添加"命令，如图5－10、图5－11所示，出现带加号的箭头，选择单间门与窗，加入组。

图 5-10　修改／模型组

图 5-11　添加组

（2）单击"√"，完成整个宿舍楼单间的门窗。

（3）完成后的楼面门窗如图5-12所示，保存文件。

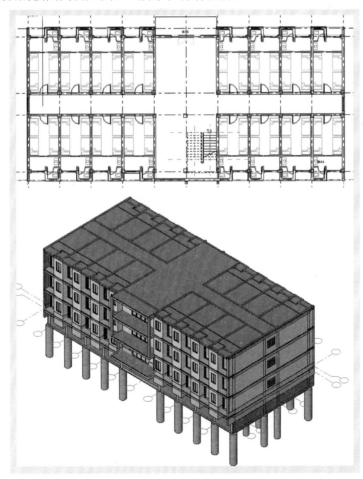

图 5-12　完成的门窗效果

### 任务三　玻璃幕墙

**步骤1**　在项目浏览器中双击"楼层平面"→"F1"，单击"建筑"→"墙"命令，在属性选项栏中选择"幕墙"类型，在"属性"面板中，设置"底部限制条件"为"F1"，"底部偏移"为"400"，"顶部约束"为"直到标高：F3"，"顶部偏移"为"2800"，如图5-13所示。

玻璃幕墙

图 5-13　幕墙属性设置

**步骤2**　创建新的幕墙类型，输入新的名称"幕墙－9000"，如图5-14所示。幕墙分割线设置如图5-15所示，设置完参数后，单击"确定"按钮关闭对话框。

图 5-14　幕墙命名

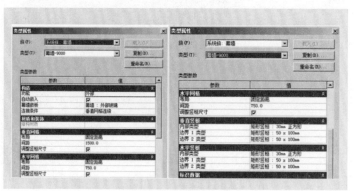

图 5-15　幕墙属性设置

步骤3 按照绘制墙一样的方法在下方（南）外墙与⑥轴和⑦轴交点处的墙上单击两点绘制幕墙，墙宽3000 mm，位置如图5-16所示。

步骤4 将幕墙复制到F2、F3，完成后的幕墙如图5-17所示，保存文件。

图 5-16　幕墙位置

图 5-17　幕墙效果

## 项目拓展

### 1. 窗编辑 – 定义窗台高

如果出现窗台底高度值不全一致的情况，调整方法如下：

（1）选择窗，在"属性"面板修改底高度值。

（2）切换至立面视图，选择窗，移动临时尺寸界线，修改临时尺寸标注值。

1）进入项目浏览器，单击"立面（建筑立面）"，双击某立面进入立面视图。

2）在立面视图选择窗，修改临时尺寸标注值后按Enter键确认修改。

### 2. 把阳台栏杆加入组

步骤1 在F1的单间绘制一个阳台栏杆，如图5-18所示。

步骤2 选中栏杆，加入组。

（1）单击"编辑组"→"添加"命令，出现带加号的箭头后，选择单间栏杆，加入组，如图5-19所示。

（2）单击"√"，完成整个宿舍楼单间的栏杆。

（3）完成后的楼面栏杆效果如图5-20所示，保存文件。

栏杆

图 5-18　绘制栏杆

图 5-19　将栏杆加入组

图 5-20　栏杆效果

# 项目六　楼梯和台阶坡道

## ✎ 项目导入

（1）楼梯有哪些类型？

（2）如何建立楼梯？

（3）坡道建立过程中有哪些注意事项？

## 📖 项目知识平台

在BIM系统中，楼梯，我们要从以下方面进行学习。

## 一、楼梯

楼梯一般由楼梯段、楼梯平台、栏杆（或栏板）和扶手三部分组成。楼梯所处的空间称为楼梯间。

楼梯按平面的形式不同，可分为单跑楼梯、交叉式楼梯、双跑楼梯、双跑直楼梯、双分双合式平行楼梯、剪刀式楼梯、转折式三跑楼梯、螺旋楼梯、弧形楼梯。Revit可以完成以上各种类型的楼梯绘制，因篇幅所限，本项目仅介绍单跑楼梯与双跑楼梯的做法。

## 二、楼梯与台阶的建立

楼梯的建立有以下两种方法：

（1）按构件，可以通过CAD图辅助定位，也可以自己设计。

（2）按草图，"梯段"命令是创建楼梯最常用的方法，本项目以U形楼梯为例，详细介绍楼梯的创建方法。

Revit Architecture中没有专用的"台阶"命令，可以采用"内建模型""构件族""楼板边缘""楼梯"等命令创建台阶，本书讲述用"楼板边缘"命令创建台阶的方法。

### ◕ 项目实施

### 任务一　用楼梯（按草图）方式创建楼梯

**步骤1**　打开F1平面视图，关闭"选择"→"按面选择图元"，以免选择困难。

**步骤2**　单击"建筑"→"楼梯坡道"→"楼梯"→"楼梯（按草图）"命令，进入按草图绘制楼梯模式，如图6-1所示。

**步骤3**　绘制参照平面：单击"工作平面"→"参照平面"命令，在一层楼梯间绘制三条参照平面，并用临时尺寸精确定位参照平面与墙边线的距离，如图6-2所示。

**步骤4**　在"属性"对话框选择楼梯类型为"整体式楼梯"，设置楼梯的"底部标高"为F1，"顶部标高"为F2，梯段"宽度"为1 650、"所需踢面数"为19、"实际踏板深度"为280，如图6-3所示。

用楼梯（按草图）方式创建楼梯

图 6-1　草图绘制楼梯

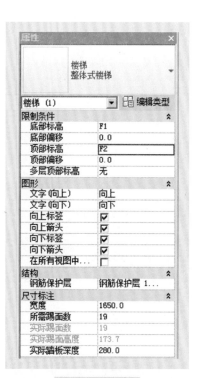

图 6-3 楼梯属性

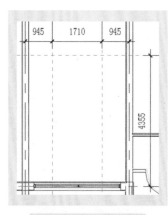

图 6-2 楼梯参考平面

**步骤5** 楼梯类型参数设置：在"属性"对话框中单击"编辑类型"按钮打开"类型属性"对话框，按图6-4设置完成后，单击"确定"按钮关闭所有对话框。

图 6-4 楼梯类型参数设置

**步骤6** 单击"梯段"命令，默认选项栏选择"直线"绘图模式，从左边交点向下移动光标至出现"创建了10个踢面，剩余10个"时，将鼠标右移，两条参照平面亮显，同时系统提示"交点"时，单击捕捉该交点作为第二跑起跑位置，如图6-5所示。

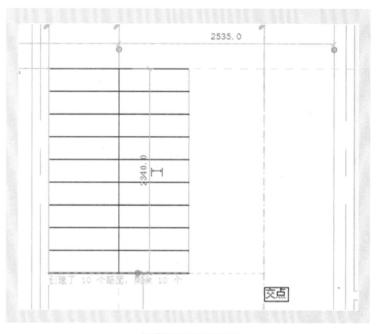

图 6-5　完成楼梯

**步骤7**　向上垂直移动光标至右上角参照平面交点位置，同时，在起跑点下方出现灰色显示的"创建了20个踢面，剩余0个"的提示字样和蓝色的临时尺寸，表示楼梯创建完成，将自动绘制踢面和边界草图，单击"√"完成，如图6-6所示。

**步骤8**　完成楼梯效果如图6-7所示。

图 6-6　完成楼梯绘制

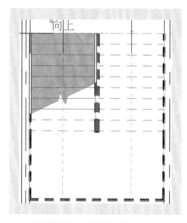

图 6-7　完成楼梯效果图

**步骤9**　编辑楼梯。

（1）选中靠墙的栏杆，单击鼠标右键进行删除，如图6-8所示。

（2）编辑内栏杆草图，将内栏杆在平台上拉升后，利用"拆分图元"命令在合适的地方打断栏杆，以形成更好的连接，如图6-9所示。

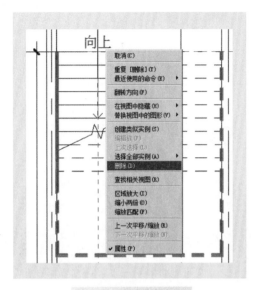

图 6-8　删除靠墙栏杆

图 6-9　编辑栏杆

（3）在平面图上按图6-10所示位置绘制剖面，单击剖面，鼠标右键选择"转到视图"可观察完成的楼梯。

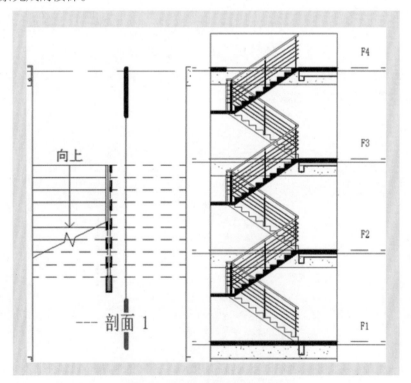

图 6-10　通过剖面视图观察楼梯

（4）编辑楼梯平台草图，平台下边线与墙体"核心层表面"对齐，如图6-11所示。单击"√"完成编辑。

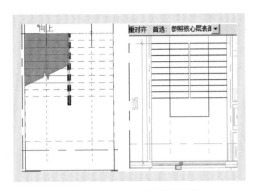

图 6-11 对齐前后的平台

**步骤10** 多层楼梯。选择一层的楼梯，单击"建筑"→"剪贴板"→"复制"→"粘贴"→"与选定的标高对齐"命令。如图6-12所示，选择"F2、F3"。单击"确定"按钮后即可自动创建其余楼层楼梯和扶手。三维效果如图6-13所示。保存文件。

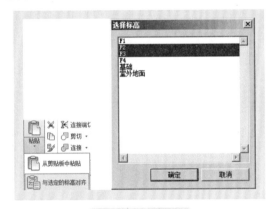

图 6-12 多层楼梯

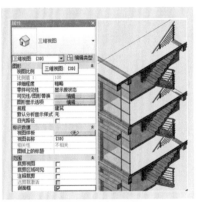

图 6-13 楼梯三维效果

**步骤11** 设置楼梯竖井洞口。楼梯创建完成后需在楼板上开孔，如图6-14所示。

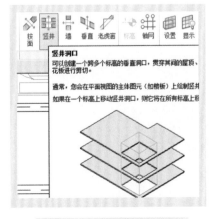

图 6-14 设置楼梯竖井洞口

（1）在项目浏览器中双击"楼层平面"选项下的"F1"，打开一层平面视图。单击"建筑"→"洞口"→"竖井洞口"命令，在"属性"选项中选择"底部偏移"为100，"无连接高度"为9 300。沿楼梯边缘绘制轮廓，单击"√"确定后即可自动创建洞口，如图6-15所示。

（2）在项目浏览器中双击"楼层平面"选项下的"F4"，打开一层平面视图。选择一层的楼梯，单击"建筑"→"洞口"→"竖井洞口"命令，在"属性"选项中选择"底部偏移"为－100，"无连接高度"为300，如图6-16和图6-17所示。

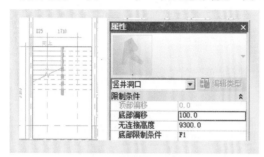

图 6-15　竖井洞口属性设置

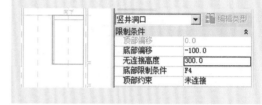

图 6-16　竖井洞口属性设置

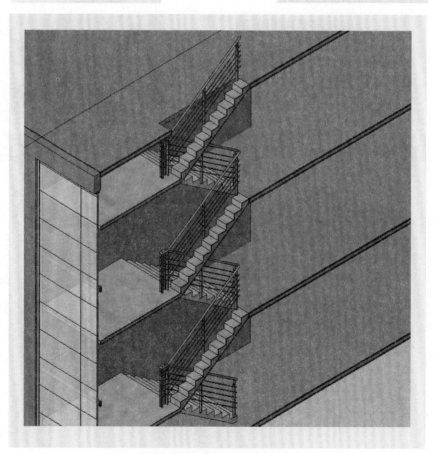

图 6-17　竖井洞口效果图

## 任务二　用楼梯（按构件）方式绘制楼梯

**步骤1**　在项目浏览器中双击"楼层平面"选项下的"F1"，打开一层平面视图。单击"建筑"→"楼梯坡道"→"楼梯"→"楼梯（按构件）"命令，进入绘制模式，如图6-18所示。

用楼梯（按构件）
方式绘制楼梯

**步骤2**　单击楼梯"属性"面板中的"编辑类型"，在如图6-19所示的"类型属性"对话框中选择楼梯类型为"室外楼梯"，设置楼梯的"底部标高"为F1，"底部偏移"为－1 400，"顶部标高"为F1，"宽度"为2 000，"实际踏板深度"为280。

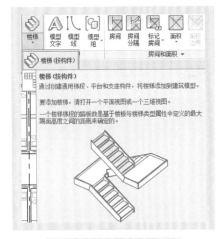

图 6-18　楼梯（按构件）

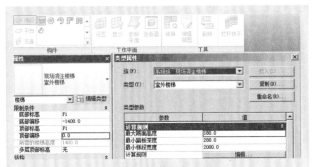

图 6-19　设置楼梯属性

**步骤3**　单击"工具"→"栏杆扶手"命令，如图6-20所示，选择"直线"绘图模式，在侧门门口单击门中点作为起点，垂直向右移动光标，直到显示"创建了8个踢面，剩余0个"时，如图6-21所示，单击鼠标左键捕捉该点作为终点，创建草图。单击"√"确定后即可自动创建，如图6-22所示。

图 6-20　创建梯边梁

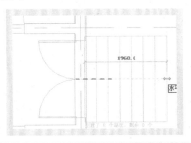

图 6-21　创建了8个踢面，剩余0个

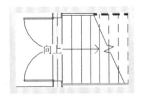

图 6-22　创建完成

**步骤4**　选中楼梯，单击"编辑楼梯"命令，在新面板单击"翻转"命令，楼梯方向翻转，如图6-23和图6-24所示。

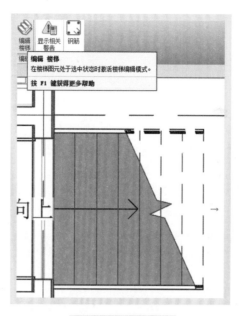

图 6-23　编辑楼梯

图 6-24　翻转楼梯

**步骤5**　单击"√"确定后即可自动创建室外楼梯，结果如图6-25所示。

图 6-25　室外楼梯效果图

## 任务三　入口台阶

入口台阶

**步骤1**　在项目浏览器中双击"楼层平面"选项下的"F1"，打开"F1"平面视图。调整视图范围，单击一楼公共区楼板，单击"修改 | 楼板"→"编辑边界"命令，编辑楼板边界如图6-26所示。

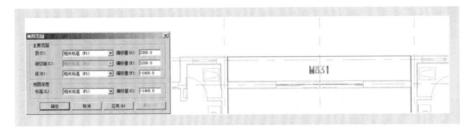

图 6-26　编辑楼板边界

**步骤2**　单击楼板"属性"命令，打开楼板"属性"对话框，选择楼板类型为"常规 – 450 mm"，用"直线"命令绘制如图6-27所示楼板的轮廓。单击"√"确定后即可自动创建。

图 6-27　楼板的轮廓

**步骤3**　单击"建筑"→"楼板"→"楼板边"命令，打开楼板边缘"属性"对话框，如图6-28所示，替换楼板边缘为"台阶"，然后，单击楼板三条希望创建台阶的边缘线创建台阶，单击"确定"按钮后关闭对话框。单击"√"确定后即可自动创建，如图6-29所示。

图 6-28　楼板边

图 6-29　入口台阶效果图

## 任务四 坪道

**步骤1** 在项目浏览器中双击"楼层平面"选项下的"F1",打开"F1"平面视图。单击"建筑"→"楼梯坪道"→"坪道"命令,进入绘制模式,如图6-30所示。

坪道

**步骤2** 单击"属性"面板,设置参数"底部标高"为F1,"底部偏移"为－1 400,"顶部标高"为"F1","宽度"为"2 500",如图6-31所示。

图 6-30 绘制坪道

图 6-31 面板属性

**步骤3** 单击"编辑类型"按钮打开坪道"类型属性"对话框,设置参数"最大斜坡长度"为"6 000""坪道最大坡度(1/x)"为"2""造型"为"实体",如图6-32所示。设置完成后单击"确定"按钮,关闭"属性"对话框。单击"工具"→"扶手类型"命令,设置"扶手类型"参数为"无",单击"确定"按钮。

**步骤4** 单击"绘制"→"梯段"命令,在选项栏选择"直线"工具,移动光标至绘图区域中,从上向下拖拽光标绘制坪道梯段。单击"完成坪道"命令,创建的坪道如图6-33所示,保存文件。

图 6-32 坪道属性

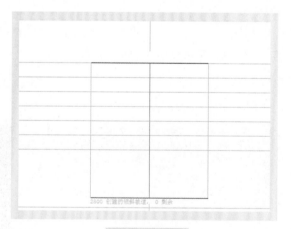

图 6-33 坪道

**步骤5** 利用对齐命令,将坪道与台阶对齐,如图6-34所示,保存文件。坪道三维效果如图6-35所示。

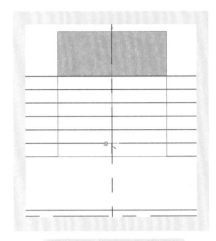

图 6-34　坡道与台阶对齐

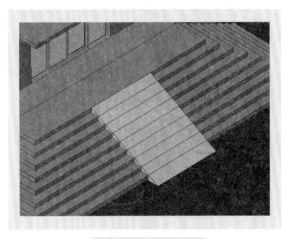

图 6-35　坡道效果图

### 项目拓展　带边坡的坡道

前述"坡道"命令不能创建两侧带边坡的坡道，可使用"楼板"命令来创建。

**步骤1**　在项目浏览器中双击"楼层平面"项下的"基础"，打开"基础"平面视图。单击"楼板"→"直线"命令，在选项栏选择"可变"，在下部车库入口处绘制如图6-36、图6-37所示800 mm厚楼板的轮廓。单击"完成楼板"命令创建平楼板。

**步骤2**　选择刚绘制的平楼板，"形状编辑"面板显示出几个形状编辑工具，在选项栏单击"添加分割线"命令，楼板边界变成绿色虚线显示，如图6-38所示。在中部位置绘制蓝色分割线，如图6-39所示。

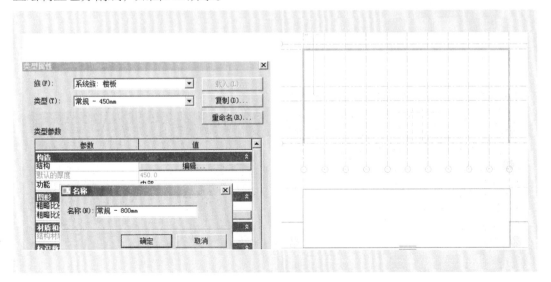

图 6-36　创建平楼板

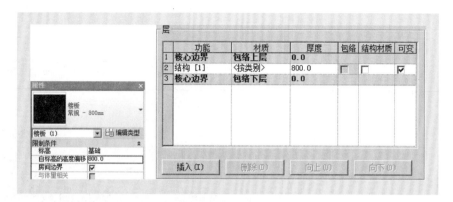

图 6-37 楼板参数

图 6-38 楼板边界变成绿色虚线

图 6-39 添加分割线

**步骤3** 利用"修改子图元"命令，单击楼板上两个点，玫瑰色框旁边出现蓝色临时相对高程值（默认为0），单击文字框输入"－800"后按Enter键，如图6-40所示。

图 6-40 修改子图元

步骤4 修改完成后按Esc键结束编辑命令，平楼板变为带边坡的坡道，坡道效果如图6-41所示。

图 6-41 坡道效果

## 项目七 屋顶

### 项目导入

（1）屋顶的类型有哪些?

（2）在BIM中如何搭建屋顶?

### 项目知识平台

在BIM系统中，对于屋顶的创建，我们要从以下方面进行学习。

#### 一、屋顶类型

屋顶是建筑的重要组成部分。Revit Architecture软件中提供了多种建模工具，如迹线屋顶、拉伸屋顶、面屋顶、玻璃斜窗等。另外，对于一些特殊造型的屋顶，我们还可以通过内建模型的工具来创建。

## 二、屋顶的建立

（1）迹线屋顶：在楼层平面绘制，可以通过CAD图辅助定位，也可以自己设计。项目实施中会以学生宿舍为例，讲解如何绘制迹线屋顶。

（2）拉伸屋顶：可以通过指定一个新的工作平面，转到立面去绘制。在项目拓展中会介绍。

（3）面屋顶：使用非垂直的体量面来创建屋顶，如弧形屋顶。

### 📊 项目实施

### 任务一　用迹线屋顶命令创建屋顶

**步骤1**　在项目浏览器中双击"楼层平面"选项下的"F4"，打开屋顶层平面视图。设置参数"基线"为"F3"，如图7-1所示。

**步骤2**　单击"建筑"→"屋顶"→"迹线屋顶"命令，进入绘制屋顶轮廓迹线草图模式，如图7-2所示。

用迹线屋顶命令创建屋顶

**步骤3**　在"属性"选项中选择"青灰色琉璃筒瓦"类型。单击"绘制"→"直线"命令，勾选

图 7-1　创建迹线屋顶

"定义坡度"，勾选"链"，偏移量设置为0，绘制屋顶轮廓迹线，如图7-3和图7-4所示。

图 7-2　进入屋顶轮廓迹线草图模式

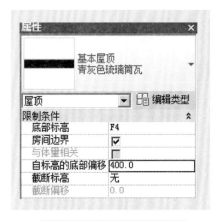

图 7-3　屋顶轮廓迹线参数

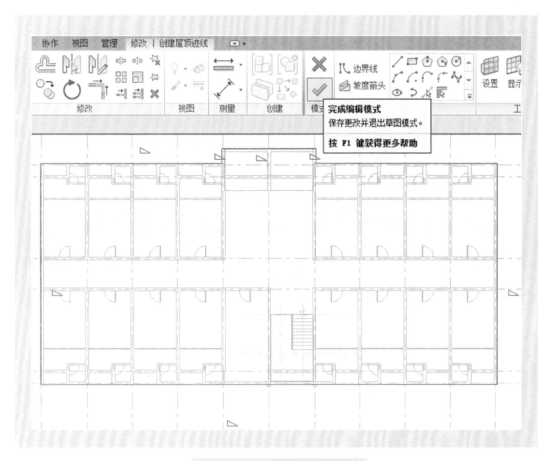

图 7-4　屋顶轮廓极迹线编辑状态

　　**步骤4**　修改屋顶坡度。在屋顶"属性"面板中设置"坡度"参数为22°，单击"应用"按钮，所有屋顶迹线的坡度值自动调整为22°。单击入口处迹线，在选项栏取消勾选"定义坡度"选项，取消这条迹线的坡度，如图7-5所示。

**081**

**步骤5** 单击"修改 | 创建屋顶迹线"→"模式"→"完成编辑模式"命令，创建宿舍屋顶。进入三维视图，选择屋顶下的墙体，单击选项栏中"修改墙"→"附着顶部／底部"命令，拾取刚创建的屋顶，将墙体附着到屋顶下，如图7-6和图7-7所示。

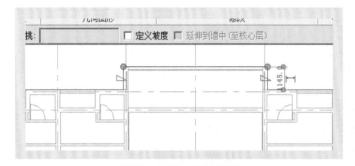

图7-5 定义屋顶坡度　　　　　　　图 7-6　墙体附着屋顶参数设置

图 7-7　效果图

**步骤6** 新建屋顶屋脊。单击"结构"→"梁"命令，在"属性"面板下拉列表中选择梁类型"屋脊-屋脊线"，参照标高为屋顶层，z轴对正为底，在绘制面板中选择"直线"命令，勾选"三维捕捉"，在三维视图3D中捕捉屋脊线两个端点创建屋脊。可以通过调整属性面板中的起点（终点）标高偏移调整屋脊高度。保存文件，如图7-8所示。

**步骤7** 连接屋顶和屋脊。单击"修改"→"几何图形"→"连接"→"连接几何图形"命令，先选择要连接的屋顶，再选择要与屋顶连接的屋脊，系统会自动将二者连接在一起，如图7-9和图7-10所示。按Esc键结束连接命令。

**步骤8** 保存文件，绘制好的屋顶效果如图7-11所示。

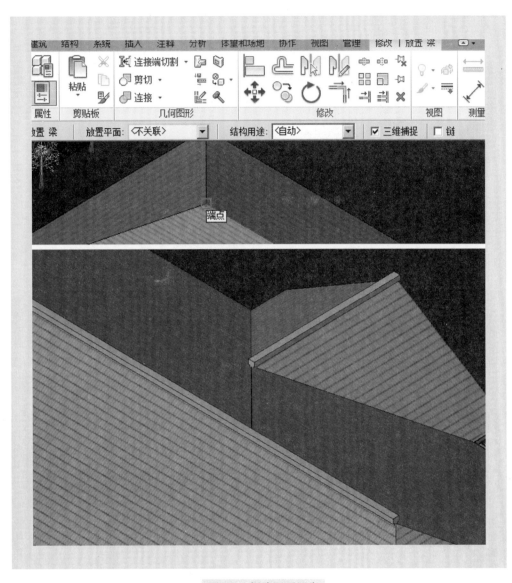

图 7-8　新建屋顶屋脊

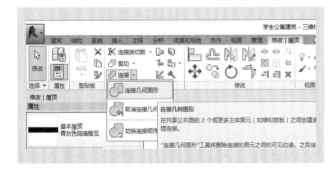

图 7-9　连接屋顶屋脊

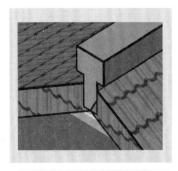

图 7-10　屋顶屋脊连接详图

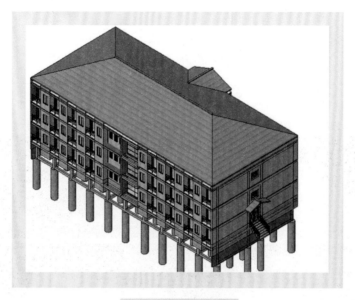

图 7-11 屋顶效果图

## 任务二 拉伸屋顶

拉伸屋顶也是常用的创建屋顶的建模工具。下面以在宿舍入口处绘制一个拉伸屋顶为例，作详细介绍。

拉伸屋顶

**步骤1** 项目浏览器中双击"楼层平面"选项下的"F2"，打开二层平面视图。在视图"属性"面板，设置参数"基线"为"F1"，如图7-12所示。

**步骤2** 单击"建筑"→"工作平面"→"参照平面"命令，在ⓒ轴和ⓓ轴向外800 mm处各绘制一根参照平面，在⑪轴向右1 200 mm处绘制一参照平面，如图7-13所示。

图 7-12 视图属性设置

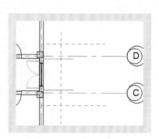

图 7-13 参照平面绘制

**步骤3** 单击"建筑"→"屋顶"→"拉伸屋顶"命令，系统会弹出"工作平面"对话框提示设置工作平面，如图7-14所示。

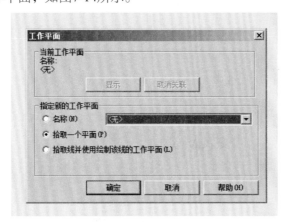

图 7-14 工作平面设置

**步骤4** 确定参照标高与位移。

（1）在"工作平面"对话框中选择"拾取一个平面"，单击"确定"按钮。

（2）移动光标单击拾取刚绘制的水平参照平面，打开"转到视图"对话框。在"转到视图"对话框中单击选择"立面：东"，单击"确定"按钮，进入"东立面"视图。

（3）在弹出的"屋顶参照标高和偏移"对话框，选择标高F2，偏移为0，如图7-15所示。

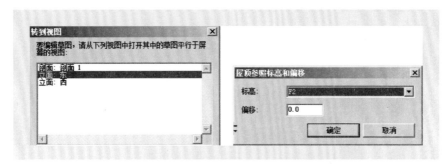

图 7-15 屋顶参照标高和偏移设置

**步骤5** 在"东立面视图"中间墙体两侧可以看到两根竖向的参照平面，这是刚在F2视图中绘制的两根垂直参照平面在北立面的投影，其主要是用于创建屋顶时的精确定位。

**步骤6** 单击"绘制"面板中"直线"命令，绘制拉伸屋顶截面形状线，调整角度为20°。在"属性"面板中单击"屋顶属性"按钮，从类型下拉列表中选择"青灰色琉璃筒瓦"，单击"确定"按钮关闭对话框。单击"√"完成屋顶命令创建拉伸屋顶，结果如图7-16所示，保存文件。

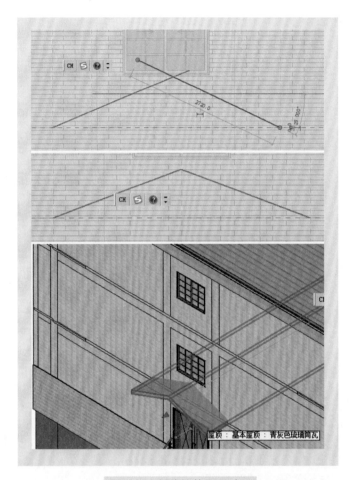

图 7-16　创建拉伸屋顶过程

**步骤7**　连接屋顶。

（1）打开三维视图，过滤除叠层墙与屋顶外的所有构件，隐藏，如图7-17所示。

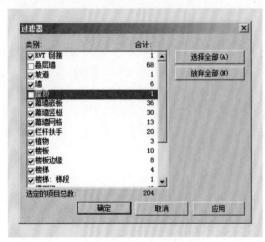

图 7-17　过滤器设置

（2）单击"修改"→"几何图形"→"连接／取消连接屋顶"命令。单击拾取延伸到二层屋内的屋顶边缘线；单击拾取左侧二层外墙墙面，如图7-18所示，即可自动调整屋顶长度使其端面和二层外墙墙面对齐。

**步骤8** 拉伸屋顶效果如图7-19所示，类似项目一，创建屋脊，连接屋顶和屋脊。

图 7-18　连接／取消连接屋顶

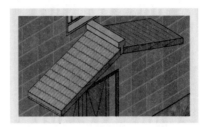

图 7-19　拉伸屋顶效果图

## 任务三　檐槽

屋顶的檐槽美观程度不够，可以利用族，生成更宽的白色水泥混凝土檐槽，获取更好的效果。

**步骤1** 单击左上角R图标，单击"新建"→"族"命令，在弹出的选择框中选择"公制轮廓.rft"样板文件，如图7-20所示，单击"打开"按钮，进入轮廓族的设计界面。

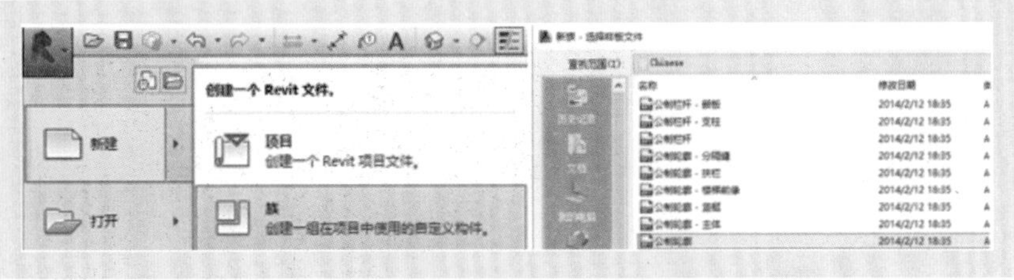

檐槽

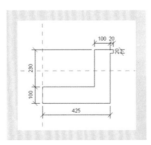

图 7-20　轮廓族的样板文件

**步骤2** 在打开的族文件中，通过"直线"命令，绘制如图7-21所示的闭合轮廓。完成后，保存为族文件"檐槽-混凝土"，然后单击"载入到项目中"，将其直接载入项目"学生公寓-建筑"。

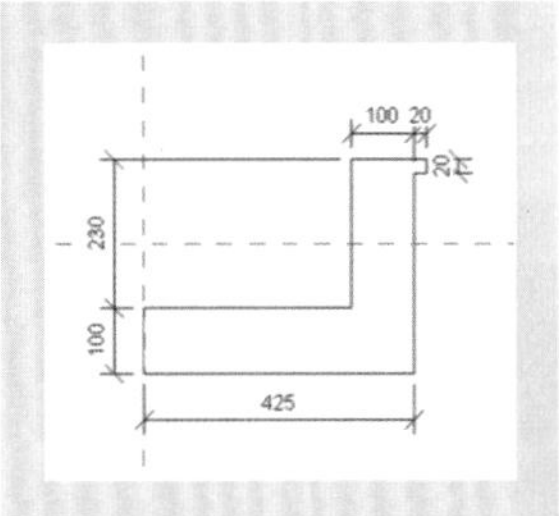

图 7-21　檐槽轮廓

步骤3 在项目"学生公寓-建筑"三维视图，单击"建筑"→"屋顶"→"屋顶：封檐带"命令，单击"编辑类型"，打开"类型属性"对话框，新建墙饰条类型"封檐带1"，设置其轮廓为"檐槽-混凝土"，材质为"白色涂料"，单击"确定"按钮，如图7-22所示。

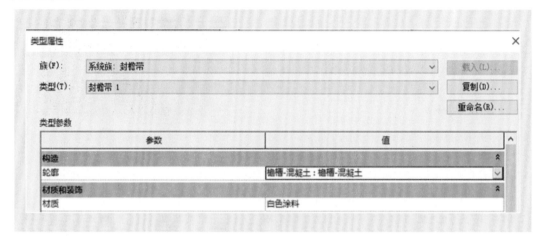

图 7-22 封檐带类型属性

步骤4 依次单击屋顶边缘线，檐槽完成后，按Esc键结束，效果如图7-23所示。完成后保存文件。

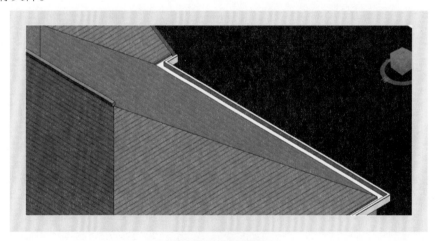

图 7-23 檐槽效果

## 🔲 项目拓展 面屋顶

不规则的屋顶一般适用面屋顶的创建，需要先创建体量，再创建屋顶，如图7-24所示。

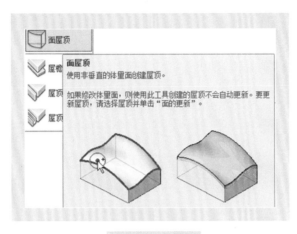

图 7-24　面屋顶

## 项目八　场地

### 项目导入

（1）如何创建建筑地坪?
（2）如何创建场地构件?

### 项目知识平台

通过本项目的学习，了解场地的相关设置，地形表面、场地构件的创建与编辑的基本方法和相关应用技巧。

#### 一、地形表面

地形表面是建筑场地地形或地块地形的图形表示。在默认情况下，楼层平面视图中不显示地形表面，但可以在三维视图中显示。

#### 二、场地的建立

创建场地的常规工具有迹线场地、拉伸场地、面场地和玻璃斜窗等。另外，对于一些特殊造型的场地，还可以通过内建模型的工具来创建。

（1）地形表面：地形表面是建筑场地地形的图形表示。在默认情况下，楼层平面视图中不显示地形表面，但可以在三维视图中显示。

（2）子面域：子面域工具是在现有地形表面中绘制的区域。创建子面域不会生成新高程的地平面，只是在地形表面上圈定了某块表面区域，可以定义不同属性。例如，本例将使用子面域在草地表面绘制沥青道路。

（3）建筑地坪：建筑地坪工具适用于创建水平地面、停车场、水平道路等。建筑地坪与子面域工具不同，建筑地坪工具会创建出单独的水平表面并剪切地形。

（4）场地构件：场地构件主要是花草、树木、车等构件，它们可以使整个场景更加丰富。场地构件的放置可以在3D视图中完成，也可以在楼层平面中完成。

## 项目实施

### 任务一　地形表面

**步骤1**　在项目浏览器中，单击"楼层和场地"→"基础"，进入基础平面视图。

地形表面

**步骤2**　为了便于捕捉，在场地平面视图中根据绘制地形的需要，绘制6条参照平面，如图8-1所示。

**步骤3**　单击"体量和场地"→"场地建模"→"地形表面"，光标回到绘图区域，Revit将进入草图模式。

**步骤4**　单击"放置点"，选项栏显示高程选项如图8-2所示，将光标移动至高程数值"0.0"上双击，即可设置新值，输入"－1 400"后按Enter键完成高程值的设置。

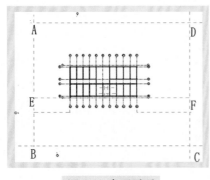
图 8-1　参照平面

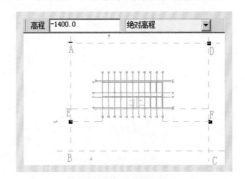
图 8-2　高程设置

**步骤5**　移动光标至绘图区域，依次单击图8-1中的A、B、E、F四点，即放置了4个高程为"－1 400"的点，并形成了以该四点为端点的高程为"－1 400"的一个地形平面。

**步骤6** 再次将光标移动至选项栏—双击"高程"值"－1 400"，设置新值为"－3 200"，按Enter键。光标回到绘图区域，依次单击B、C两点，即放置两个高程为"－3 200"的点，如图8-3所示。

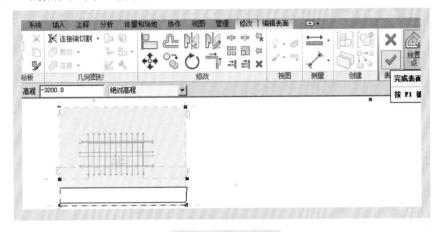

图 8-3　高程点放置

**步骤7** 单击"属性"面板中"材质"后的"按类别"，此时打开了如图8-4所示的"材质浏览器"对话框，选择"场地-草"材质，单击"确定"按钮，依次关闭对话框，给地形表面添加草地材质。

图 8-4　材质设置

**步骤8** 单击"完成建筑地坪"命令创建了建筑地坪，保存文件。

## 任务二　地形子面域（道路）

本任务将使用"子面域"命令在地形表面上绘制道路。

**步骤1** 在项目浏览器中单击"楼层平面"→"基础"，进入基础平面视图单击"体量和场地"→"修改场地"→"子面域"命令，进入草图绘制模式。绘制如图8-5所示的子面域轮廓。

地形子面域
（道路）

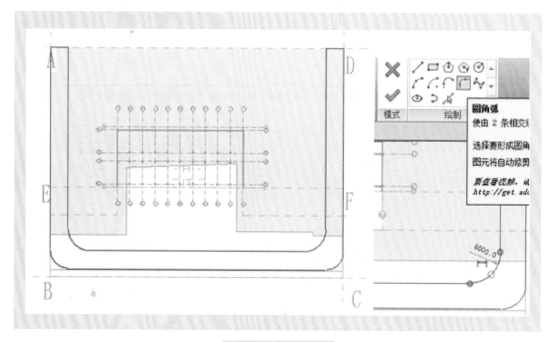

图 8-5　子面域轮廓

（1）绘制外圈轮廓线。先单击"绘制"→"直线"工具绘制，绘制到弧线时，"绘制"面板—"圆角弧"，勾选选项栏"半径"，将半径值设置为11 000。绘制完弧线后，切换回直线继续绘制。

（2）利用偏移工具，偏移4 000，绘制内圈轮廓线，闭合。

**步骤2**　单击"属性"面板中"材质"后的"按类别"，打开"材质浏览器"对话框，在左侧材质中选择"场地-柏油路"，如图8-6所示。

图 8-6　材质设置

**步骤3**　单击"√"命令，至此完成了子面域道路的绘制，保存文件。

## 任务三　建筑地坪

**步骤1**　绘制地坪。

（1）在项目浏览器中单击"楼层平面"→"基础"，进入基础平面视图。单击"体量与场地"→"建筑地坪"命令，进入建筑地坪的草图绘制模式，如图8-7所示。

建筑地坪

（2）单击"绘制"→"直线"命令，移动光标至绘图区域，绘制建筑地坪轮廓，必须保证轮廓线闭合，如图8-8所示。

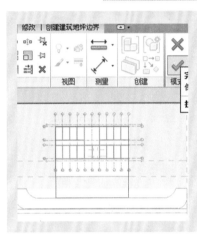

图 8-7　建筑地坪草图绘制模式

图 8-8　建筑地坪轮廓绘制

**步骤2**　设置地坪材质。

（1）在"属性"面板中设置标高为"基础"，如图8-9所示。

（2）单击"编辑类型"，打开"编辑部件"对话框，如图8-10所示。

（3）单击"结构[1]"后的"按类别"，打开"材质浏览器"对话框，选择材质为"混凝土-沙／水泥找平"，单击"确定"按钮依次关闭所有对话框。

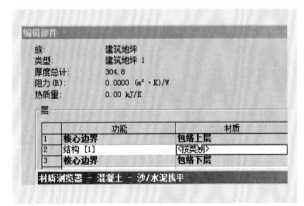

图 8-9　设置地坪标高

图 8-10　编辑部件

## 任务四　场地构件

**步骤1**　在项目浏览器中，单击"楼层平面"→"基础"，进入基础平面视图。

**步骤2**　单击"体量和场地"→"场地建模"→"场地构件"命令，在类型选择器中选择需要的构件，如图8-11所示。如样板中没有合适的构件，也可单击"模型"→"载入族"命令，打开"载入族"对话框，如图8-12所示。

场地构件

图 8-11　场地构件

图 8-12　载入族

**步骤3**　双击建筑"植物"文件夹→"乔木"文件夹，选择"乔木1 3D"，单击"打开"按钮载入到项目中，如图8-13所示。

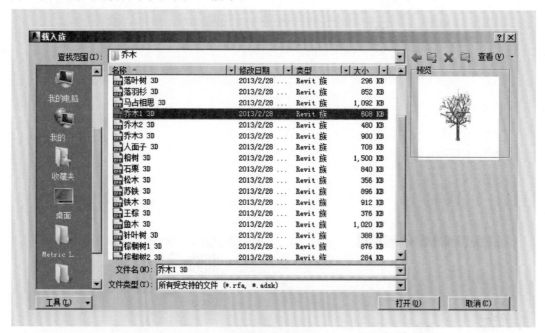

图 8-13　载入乔木

**步骤4**　在"场地"平面图中根据需要在道路及公寓周围添加其他场地构件。建成的场地三维效果如图8-14所示。

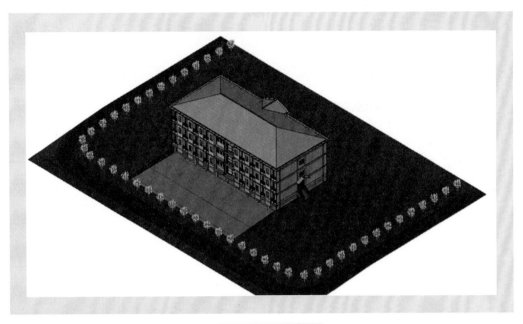

图 8-14　场地效果图

## 项目拓展

　　场地中的一些构件三维效果较差，后期可以通过3Dmax、Lumin等软件渲染，优化效果，也可以利用插件，获取更好的族文件改善效果。

第 3 篇

# Revit 机电建模

# 项目九　送风系统

## 项目导入

（1）空调系统可分为哪几种？
（2）如何建立风管系统？

## 项目知识平台

通风与空调工程的作用是为民用建筑、公用建筑、工业建筑与医疗、电子、交通、航天等领域，创建人们健康、舒适的空气环境，以及生产工艺所需的热湿环境、空气质量环境和声光环境。通风与空调工程一般包括送排风系统、防排烟系统、防尘系统、空调系统、净化空气系统、制冷设备系统、空调水系统七个子分部工程。本项目重点讲述送风系统的建模程序。

### 一、通风系统组成

通风系统的组成一般包括：进气处理设备，如空气过滤设备、热湿处理设备和空气净化设备等；送风机或排风机；风道系统，如风管、送风口、排风口、排气罩等；工厂还有排气处理设备，如除尘器、有害气体净化设备、风帽等。

### 二、空调系统分类与组成

空调系统可分为集中式、半集中式和局部式三种。

（1）集中式空调系统。集中式空调系统是将空气处理设备（如加热器与冷却器或喷水室、过滤器、风机、水泵等）集中设置在专用机房内。其系统一般由空气处理设备、冷冻（热）水系统（组成类同于热水采暖系统）和空气系统（组成类同于机械通风系统）组成。

（2）半集中式空调系统。半集中式空调系统是一种空气系统与冷冻（热）水系统的有机组合。其主要由冷水机组、锅炉或热水机组、水泵及其管路系统、风机盘管、新风系统等组成。空调水系统是直接进入空调房间对室内空气进行热湿处理，而空气系统主要负担新风负荷。

（3）局部式空调系统。局部式空调系统是将冷热源、空气处理、风机、自动控制等装备在一起，组成空调机组，由厂家定型生产，现场安装，只供小面积房间或少数房间局部使用，如窗式空调机、分体式空调机、柜式空调机等。

## 三、风系统的设计流程

（1）确定风机的位置。

（2）按2～4 m间距（靠墙壁小于2 m）均匀布置风口，风口一般分为以下四种：

1）侧送风类风口：气流沿送风口轴线方向送出，安装于室内侧墙或风管侧壁上，适用于宾馆客房。按风口形式可将其分为格栅送风口、单层百叶送风口、双层百叶送风口、条缝送风口。

2）散流器：气流为辐射状向四周扩散。按风口形式可将其分为方形散流器、圆形散流器、圆盘形散流器。它通常装于房间顶棚上，空气下送时，能以较小风量供给较大的地面面积。

3）喷射式风口：送风噪声低且射程长，适用于大空间建筑。

4）孔板送风口：送风均匀，气流速度衰减快，噪声小，适用于要求工作区气流均匀、区域温差较小的房间和车间。

（3）将风口用风管连接，根据均匀送风的原则，按面积等于风量除以风速计算各段风管截面面积，并确定各段风管截面规格。

1）通风工程系统的风量选择。确定通风工程系统房间所需要的风量有两种方法：一是按每人每小时需要的新风量计算；二是按换气次数计算。

①按每人每小时需要的新风量计算。其是根据室内经常活动的人数来确定需要的风量，国家规定每人不小于30 m³的新风量。例如，一个家庭4口人，房间每小时所需的风量就是不低于120 m³，每秒约33 L。

②按换气次数计算。一般来说，家庭住宅换气次数一般在每小时1～2次，公共场所因为人流大，换气次数一般选择每小时3～5次，具体参见《民用建筑供暖通风与空气调节设计规范》（GB 50736—2012）的相关要求。

对于特殊行业，如医院的手术室、特护病房、试验室和工厂的车间等，须按照国家相关规范的要求，来确定通风工程系统所需要的新风量。

2）通风工程系统的风压选择。通风工程系统的风压取决于通风管道的长度与阻力大小，管道越长，需要的风压越大。

一台新风换气机只负责一层楼面所需的新风量，不能一台新风换气机负责两个或者两个以上的楼层。否则，通风管道太长，风阻太大，风损大，费用高，工程量大，得不偿失。

3）风管截面选择。风管截面根据每个风口的风量除以流速后得到的截面面积来选择风口尺寸。

根据给定风量和选定流速（表9-1），计算管道断面尺寸$a \times b$，并使其符合低压风管尺寸规定，选择通风管道规格。再用规格化了的断面尺寸和风量，计算出风道内实际流速。

表9-1　参考选定风速　　　　　　　　　　　　　　　　　　　m/s

| 部位 | 低速风管风速 | | | | | | 高速风管风速 | |
| --- | --- | --- | --- | --- | --- | --- | --- | --- |
| | 推荐 | | | 最大 | | | 推荐 | 最大 |
| | 居住 | 公共 | 工业 | 居住 | 公共 | 工业 | 一般建筑 | |
| 新风入口 | 2.5 | 2.5 | 2.5 | 4.0 | 4.5 | 6 | 3 | 5 |
| 风机入口 | 3.5 | 4.0 | 5.0 | 4.5 | 5.0 | 7.0 | 8.5 | 16.5 |
| 风机出口 | 5 ~ 8 | 6.5 ~ 10 | 8 ~ 12 | 8.5 | 7.5 ~ 11 | 8.5 ~ 14 | 12.5 | 25 |
| 主风道 | 3.5 ~ 4.5 | 5 ~ 6.5 | 6 ~ 9 | 4 ~ 6 | 5.5 ~ 8 | 6.5 ~ 11 | 12.5 | 30 |
| 水平支风道 | 3.0 | 3.0 ~ 4.5 | 4 ~ 5 | 3.5 ~ 4 | 4.0 ~ 6.5 | 5 ~ 9 | 10 | 22.5 |
| 垂直支风道 | 2.5 | 3.0 ~ 3.5 | 4.0 | 3.25 ~ 4 | 4 ~ 6 | 5 ~ 8 | 10 | 22.5 |
| 送风口 | 1 ~ 2 | 1.5 ~ 3.5 | 3 ~ 4 | 2 ~ 3 | 3 ~ 5 | 3 ~ 5 | 4 | — |

## 四、风管的绘制方法

在平面视图中绘制风管时有以下三种情形：

（1）在连接件所示"出"处方框单击鼠标左键，可直接绘制风管。

（2）在连接件所示"出"处单击鼠标右键，可选择"绘制风管"或"绘制柔风管"，如图9-1所示。

（3）出现玫瑰色圆圈，单击鼠标左键绘制，如图9-2所示。

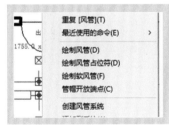

图9-1　绘制风管（1）

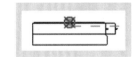

图9-2　绘制风管（2）

### 项目实施

## 任务一　建立基于机电模板的项目

**步骤1**　利用机械样板建立新文件，命名为"学生宿舍-风"，如图9-3所示。使用好的机械样板可以省略很多载入族，所以十分重要。

建立基于机电模板的项目

图 9-3　利用机械样板建立新文件

**步骤2**　导入链接Revit文件"学生宿舍-建筑"，建立标高与轴网，如图9-4所示。具体步骤参见第二篇。

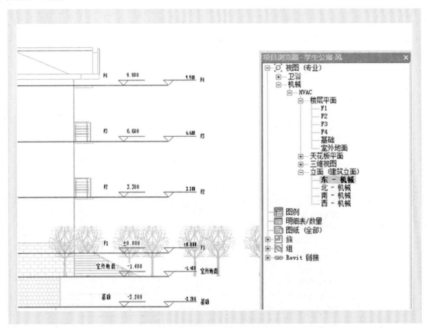

图 9-4　建立标高与轴网

## 任务二　设备导入、定位

**步骤1**　风管属性设置。

如果样板中设置完整，可忽略连接件的载入族步骤。

（1）单击"系统"→"HVAC"→"风管"，选择矩形风管，确认，如图9-5所示。

（2）在风管"属性"面板中单击"编辑类型"，在弹出的"类型属性"对话框中单击"布管系统配置"→"编辑"→"矩形风管"，载入连接件，如图9-6所示。

设备导入、定位

图 9-5　载入连接件

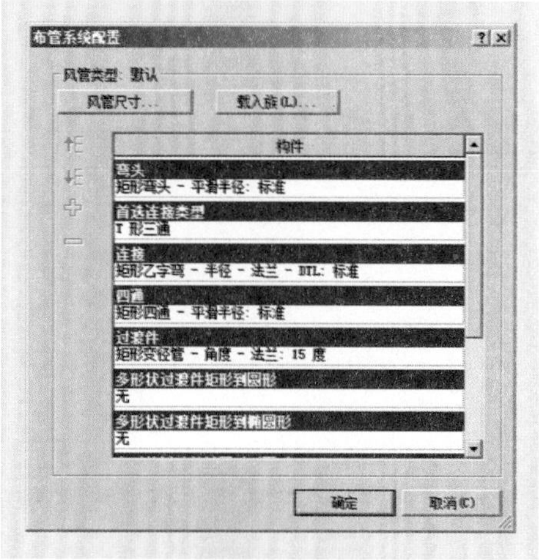

图 9-6　布管系统配置

**步骤2**　载入风机盘管，定位。

如果样板中已有合适风机盘管，可忽略风机盘管的载入族步骤。

（1）单击"系统"→"机械"→"机械设备"，系统提示需要载入族，选择"是"确认。

（2）单击"载入族"→"机电"→"空气调节"→"风机盘管"→"带回风箱的风机盘管-吊顶卧式安装-底部回风"，在"属性"下拉列表中选择2 380 CMH，如图9-7所示。观察类型属性如图9-8所示，其送风口宽度与高度应与载入的送风口协调，风量应满足本层64人需要。

图 9-7　选择 2 380 CHM

图 9-8　布管系统配置

步骤3  风道末端导入，设置属性。

（1）单击"系统"→"HVAC"→"风道末端"，系统提示是否需要载入，单击确认或直接单击"插入"→"载入族"命令，如图9-9所示。

图9-9  载入族

（2）单击"载入族"→"机械"→"风管附件"→"风口"→"送风口–矩形–单层–可调–侧装"，如图9-10所示。在弹出界面选择尺寸1 000×100。

图9-10  送风口载入

（3）在"属性"选项框中输入高度，再用"阵列"或"复制"命令安置送风口定位，如图9-11所示。

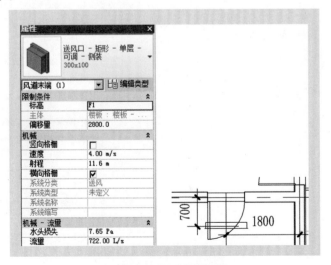

图9-11  送风口定位

（4）风口定位完成效果，如图9-12所示。

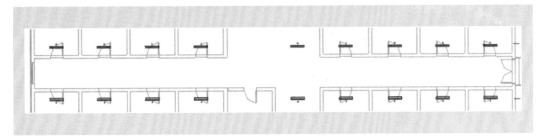

图9-12　风口定位效果图

## 任务三　管道绘制

**步骤1**　将视图显示调至精细，如图9-13所示。

**步骤2**　单击"系统"→"风管"，在第一个风口单击"出"处方框绘制风管，连接两个风口，风管尺寸自动变为 1 000×100。

**步骤3**　依次绘制其他送风口风管与主风管，如图9-14所示。

**步骤4**　调节风机盘管高度如图9-15所示，连接风机盘管与主风管。

图9-13　视图显示调至精细

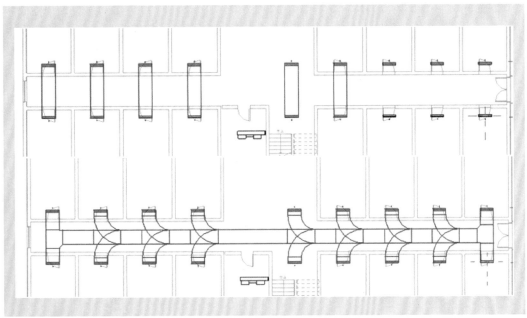

图9-14　绘制风管

图 9-15　风机盘管

## 任务四　风系统检查

风系统绘制完毕后，可将光标放置在任意管道或构件处，按Tab键，如果系统中全部被虚框线选中，则证明此风系统连接无误，如图9-16所示；也可单击"修改｜风管"→"系统检查器"命令进行检查，如图9-17所示。

风系统检查

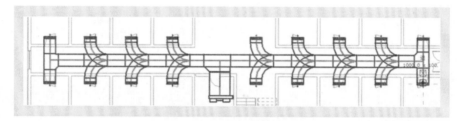

图 9-16　风系统检查（1）

图 9-17　风系统检查（2）

## 📖 项目拓展

### 一、创建项目参数

**步骤1**　创建共享参数文档。

（1）单击"管理"→"共享参数"命令，如图9-18所示。

（2）单击"组"中"新建"按钮，在"新参数组"对话框中输入名称"机械"，如图9-19所示。

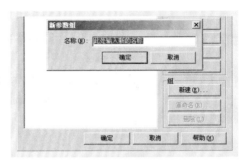

图 9-18　共享参数　　　　　　　　　　　　　　图 9-19　新参数组

（3）创建参数，单击"参数"中"新建"按钮，输入名称、规程及参数类型，单击"确定"按钮，如图9-20所示。

**步骤2**　将共享参数"设计给风量"引入设计项目。

（1）单击"设置"→"项目参数"命令，弹出"项目参数"对话框，如图9-21所示。

（2）单击"添加"按钮，弹出"参数属性"对话框，如图9-22所示。

图 9-20　设置参数　　　　　　　　　　　　　图 9-21　"项目参数"对话框

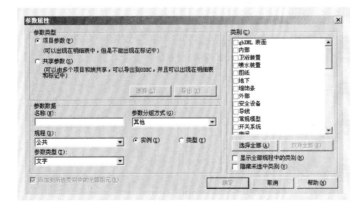

图 9-22　"参数属性"对话框

（3）选择"共享参数"，单击"选择"按钮，弹出"共享参数"对话框；选择"设计给风量"，单击"确定"按钮，如图9-23所示。

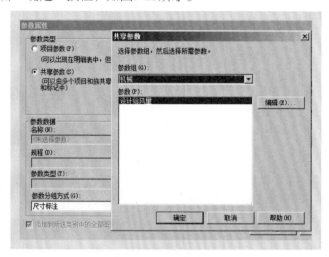

图 9-23　选定共享参数

（4）将导入的参数分在"机械-流量"组别中，在参数形式中选择"实例-参数"。在类别中，将此组别指定给"房间"。单击"确定"按钮关闭"参数属性"对话框，如图9-24所示。

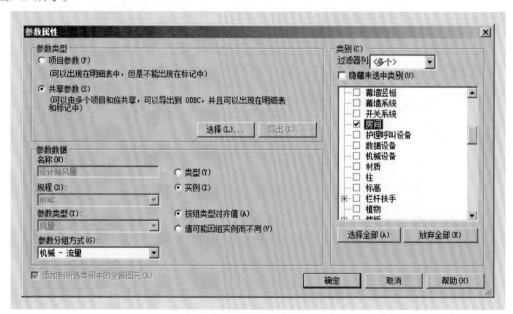

图 9-24　指定类别

（5）"设计给风量"出现在弹出的"项目参数"对话框中，单击"确定"按钮关闭该对话框，如图9-25所示。

图 9-25 项目参数确定框

## 二、自动布置风管

**步骤1** 选中任一送风末端,单击"系统-风管",再单击"编辑系统",进入系统设计界面,单击"添加"按钮,然后单击所有风道末端,风道末端颜色改变,提示单元数也随之增加,如图9-26所示。

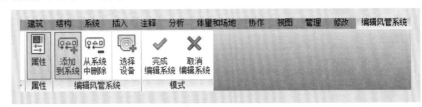

图 9-26 添加到系统

**步骤2** 单击添加"机械设备",将机械设备添加到送风系统中。单击"√"完成编辑系统,如图9-27所示。

图 9-27 添加机械设备

**步骤3** 单击"机械设备"→"生成布局",软件会自动提供几个布局方案以供选择,单击左键、右键经过观察选择合适布管方案,如图9-28和图9-29所示。

图 9-28　生成布局

图 9-29　选择合适的布管方案

# 项目十　排水系统

## ✍ 项目导入

（1）建筑室内给水排水系统由哪些部分构成？

（2）如何使用以机械样板建立的项目进行排水系统的设计？

## 📖 项目知识平台

　　建筑室内给水排水系统是机电建模的一个重要部分，本项目只介绍排水系统的建模过程，给水系统的建模过程与其类似。我们应对给水排水系统的主要构成有基本认识。

### 一、建筑室内给水排水系统构成

　　建筑室内给水排水系统包括建筑室内给水系统与建筑室内排水系统两个部分。建筑室内给水系统如图10-1所示。

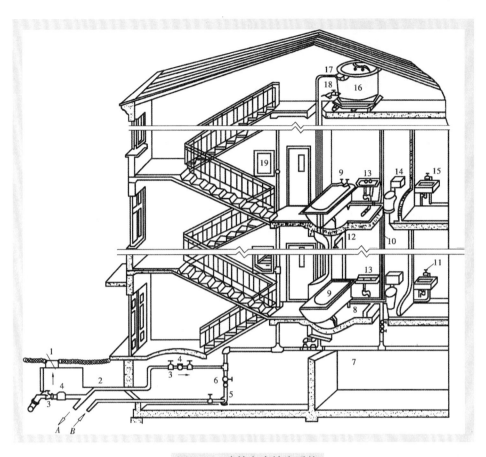

图 10-1　建筑室内给水系统

1—阀门井；　2—引入管；3—闸阀；　4—水表；5—水泵；6—止回阀；7—干管；8—支管；9—浴盆；10—立管；
11—水龙头；12—淋浴器；13—洗脸盆；14—大便器；15—洗涤盆；16—水箱；17—进水管；18—出水管；
19—消火栓；A—入储水池；B—来自储水池

建筑室内排水系统如图10-2所示。

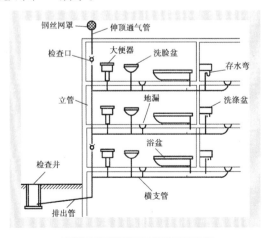

图 10-2　建筑室内排水系统

## 二、水系统的建立

（1）首先，设置水管属性，水管的连接件载入时一定要与管材吻合；否则，管道绘制时无法自动连接。

（2）一般排水系统的管道不通过布局生成，绘制完成后通过布局优化。

### 🥧 项目实施

使用以机械样板建立的项目进行排水系统的设计。直接绘制水管的方法与绘制风管的方法相同，主要注意水管的坡度设置。

### 任务一　建立基于机电模板的水项目

**步骤1**　利用机械样板建立新文件，命名为"学生宿舍-水"。

**步骤2**　导入链接Revit文件"学生宿舍-建筑"，建立轴网步骤参见本书第2篇。

建立基于机电
模板的水项目

### 任务二　机械设备导入、安置

**步骤1**　卫浴装置的载入、安置。

（1）单击"系统"→"卫浴和管道"→"卫浴装置"，系统提示需要载入族，选择"是"确认。

（2）单击"载入族"→"机电"→"卫生器具"→"大便器"→"坐便器-冲洗水箱"，安装于卫生间，可利用空格键调整方向，如图10-3所示。

机械设备
导入、安置

（3）单击"载入族"→"机电"→"卫生器具"→"洗脸盆"→"洗脸盆-梳洗台"，安装于卫生间，可利用空格键调整方向，如图10-4所示。

图 10-3　坐便器 - 冲洗水箱载入

图 10-4　洗脸盆 - 梳洗台载入

**步骤2**　地漏的载入、安置。

（1）单击"系统"→"卫浴和管道"→"管路附件"，系统提示需要载入族，选择"是"确认。

（2）单击"载入族"→"机电"→"给水排水附件"→"地漏"→"地漏带水封-圆形-PVC-U"，安装于卫生间，可利用临时尺寸调整位置，如图10-5所示。

图 10-5　地漏载入

**步骤3**　水管属性设置。

水管的设置与风管基本一样，如果样板中设置完整，可忽略连接件的载入族步骤。

（1）单击"系统"→"卫浴和管道"→"管道"，选择PVC-U排水管，确认为"卫生设备"。

（2）如有需要在风管"属性"面板中单击"编辑类型"，在弹出的"类型属性"对话框中单击"布管系统配置"后的"编辑"按钮，为"PVC-U-排水"载入连接件，应全部使用同类PVC-U连接件，如图10-6所示。

---

---

图 10-6　PVC-U 连接件载入

## 任务三　水系统设计

水系统设计

**步骤1**　绘制立管。

绘制立管有以下两种方法：

方法一：利用"剖面"命令，在剖面上绘制，如图 10-7 所示。

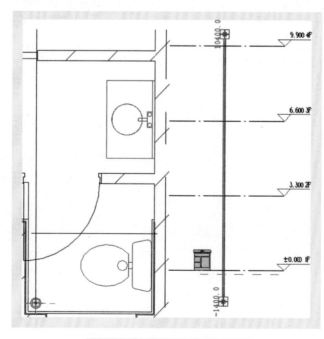

图 10-7　绘制立管（方法一）

方法二：利用偏移量绘制。

（1）单击"系统"→"卫浴和管道"→"管道"，定义管道系统为"污水系统"，管径为100，进入管道绘制模式。

（2）在"偏移量"框中输入"−1 400"，在F1楼层平面上单击要绘制的管的中心（可使用参照平面），然后在偏移量框中输入"10 400"，单击"应用"按钮管道即绘制成功，如图10-8所示。

图 10-8　绘制立管（方法二）

**步骤2**　绘制横支管。

（1）为了看到板下的管，调整视图为"线框"，如图10-9所示。

（2）勾选"自动连接""继承高程"，选择向上坡度为2%，如图10-10所示。

（3）靠近马桶的一段选择直径100，靠近洗脸盆的一段为45，看到蓝色虚线停止绘制，如图10-11所示。

图 10-9　调整视图为"线框"

图 10-10　勾选参数

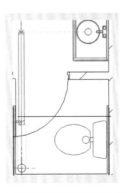

图 10-11　绘制横支管

**步骤3**　连接卫浴装置与横支管。

（1）单击马桶，看到出口创建管道标志，单击"连接到"命令，如图10-12所示。

（2）弹出"选择连接件"对话框，选择"连接件2：卫生设备：圆形：100：出"，单击"确定"按钮，如图10-13所示。

113

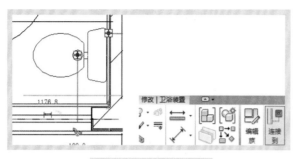

图 10-12  连接到工具                    图 10-13  选择连接件

（3）移动光标至横管上，单击蓝色管道，管道连接如图10-14所示。

（4）同理操作洗脸盆，连接效果如图10-15所示。

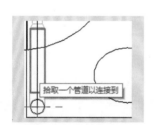

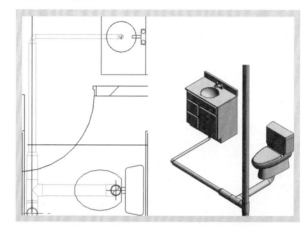

图 10-14  连接管道              图 10-15  位于装置与横支管连接效果图

（5）转到立面上将地漏附着于排水管，如图10-16所示。

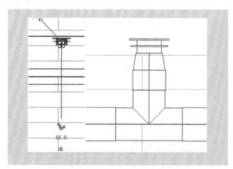

图 10-16  地漏附着于排水管

**步骤4**  加上存水弯（水封效果好时，可以不加）。

（1）删除马桶下的连接件。

（2）载入P型存水弯，如图10-17所示，替代删掉的连接件。

（3）完成效果如图10-18所示。

图 10-17　载入 P 型存水弯

图 10-18　存水弯效果

## 项目拓展

　　给水排水系统也可以通过自动创建管道的方式创建，与风管的自动创建类似。较多主要是为空调系统等设备创建循环水系统。

# 项目十一　建筑供电系统

## 项目导入

　　（1）建筑供电系统由哪几部分构成？
　　（2）如何进行电气设备的载入、定位与属性设置？

## 项目知识平台

### 一、建筑供电系统构成

　　建筑供电系统一般包括照明系统、消防系统、弱电系统、防雷及接地系统，还有给其他专业如给水排水、暖通的设备供电系统。

## 二、建筑供电系统设计

在Revit电气系统设计上，使用追踪线路荷载、连接元件与线路长度使失误最小化。定义电线的种类、电压范围、供电分布系统和需求系数协助设计的电气系统的兼容能力，防止过载与电压错误。馈线与配电盘系统，计算预估的荷载需求，从设计中直接快速有效地决定设备容量。利用线路分析工具，立即可以精确计算出总荷载、报告书。建筑供电系统的设计一般流程如下：

（1）照明系统：确定照明种类、灯具形式、照度标准；确定应急照明电源形式；确定照明线路型号的选择及敷设方式。绘制照明灯具（包括应急照明及疏散照明）平面布置图，可以不连线。

（2）消防系统：依据《火灾自动报警系统设计规范》（GB 50116 – 2013）确定该项目的消防保护等级；绘制消防系统图；绘制消防布点平面图。

（3）弱电系统：依据业主对建筑项目智能化程度的设想，确定各弱电系统的构成形式；绘制各系统原理图；确定各弱电主机房位置及面积；确定弱电主要敷设路由。

（4）防雷及接地系统：确定防雷等级，校审时提供防雷等级计算书。

（5）其他：给水排水设备供电系统设计；暖通设备供电系统设计。

**项目实施**

### 任务一　建立基于机电模板的电项目

**步骤1**　利用机械样板建立新文件，命名为"学生宿舍-电"。

**步骤2**　导入链接Revit文件"学生宿舍-建筑"，建立标高与轴网步骤参见第2篇。

**步骤3**　建立楼层平面及天花板平面，将天花板平面放于照明项下，如图11-1所示。

建立基于机电模板的电项目

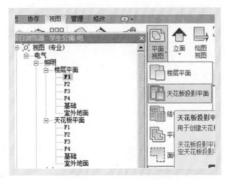

图 11-1　建立天花板平面

## 任务二　照明设备的载入、定位与属性介绍

照明设备的载入、定位与属性介绍

**步骤1**　照明设备末端的载入、定位与属性设置，具体步骤参见前面章节，如图11-2和图11-3所示。

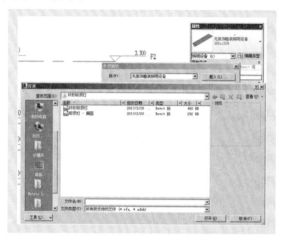

图 11-2　照明设备末端载入、定位与属性设置（1）

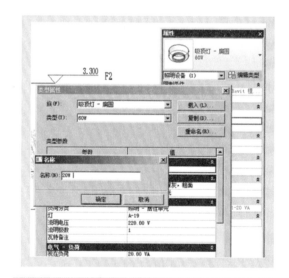

图 11-3　照明设备末端载入、定位与属性设置（2）

**步骤2**　在立面观察灯的定位，予以调整，如图11-4所示。

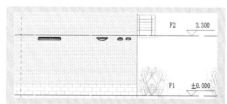

图 11-4　调整灯的定位

### 任务三 电气设备的载入、定位与属性设置

**步骤1** 打开F1楼层平面，调整视图范围至看见灯具，如图11-5所示。

电气设备的载入、定位与属性设置

图 11-5 调整视图范围

**步骤2** 开关的载入、安置，开关系统。

（1）单击"载入族"→"机电"→"供配电"→"配电设备"→"终端"→"开关"→"单联开关"，如图11-6所示，安装于卫生间、房间，可利用空格键调整方向。

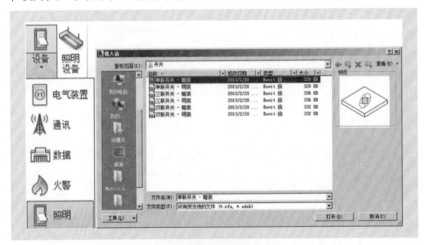

图 11-6 载入开关

（2）单击灯具，为灯具指定对应开关，如图11-7所示。

图 11-7 为灯具指定对应开关

步骤3 插座的载入、安置。

（1）单击"系统"→"电气"→"电气设备"，出现"修改 | 放置设备"界面，如图11-8所示。

图 11-8 载入族

（2）单击"载入族"→"机电"→"供配电"→"配电设备"→"终端"→"插座"→"单相插座-暗装"，如图11-9所示，安装于房间，可利用空格键调整方向。

图 11-9 载入插座

步骤4 照明配电箱的载入、安置。

（1）单击"系统"→"电气"→"电气设备"，系统提示需要载入族，选择"是"确认。

（2）单击"载入族"→"机电"→"供配电"→"配电设备"→"箱柜"—"照明配电箱-暗装"，如图11-10所示，安装于设备间，可利用空格键调整方向。

图 11-10 载入 PC 柜

（3）单击配电箱，在"属性"列表中输入"配电盘名称"为"照明"，选择"线路命名"为"带前缀"，输入"线路前缀分隔符"为"--"输入"线路前缀"为L，如图11-11所示。

（4）单击照明配电箱，在"属性"中可修改设备放置高度，也可以修改该设备所具有的其他参数，单击"确定"按钮关闭对话框，在平面视图中将照明配电箱放置在所需位置，即完成对各照明配电箱的载入及平面、立面的定位。

## 任务四　电力系统

**步骤1**　单击任一灯具，单击"电力"命令为线路选择配电盘，如图11-12所示。

**步骤2**　在选项栏中单击"编辑线路"，在"编辑线路"界面中，单击"添加到线路"命令，鼠标出现小加号光标，依次单击房间内所有灯具、开关，单击"√"完成编辑线路，如图11-13所示。

图 11-11　照明配电箱属性图

图 11-12　为线路选择配电盘

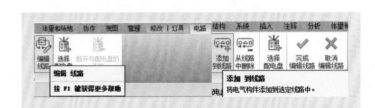

图 11-13　编辑线路

**步骤3**　将光标移动至某个元件，使其亮显，按Tab键，显示暂时的线路。单击选择线路，单击"弧形线"选择弧形配线，完成布局，如图11-14所示。

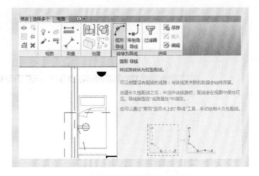

图 11-14　选择线路

步骤4　单击任一插座，单击"电力"按钮为线路选择配电箱。

步骤5　在选项栏中单击"编辑线路"，在"编辑线路"界面中，单击"添加到线路"命令，鼠标出现小加号光标，依次单击房间内所有开关，单击"√"完成编辑线路L-2。

步骤6　将光标移动至某个元件，使其亮显，显示暂时的线路，如图11-15所示。按Tab键，线路变粗后如图11-16所示。单击选择线路，再单击"弧形导线"选择弧形配线，完成布局。

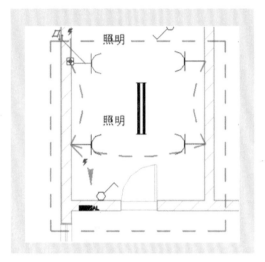

图 11-15　线路变粗前

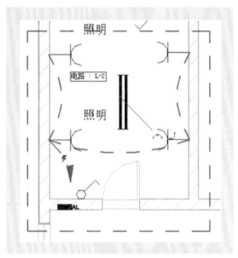

图 11-16　线路变粗后

## 任务五　电力系统荷载平衡

选择照明配电箱，单击"创建 配电盘明细表"命令，生成配电盘明细表，如图11-17、图11-18所示。

电力系统
荷载平衡

图 11-17　创建配电盘明细表

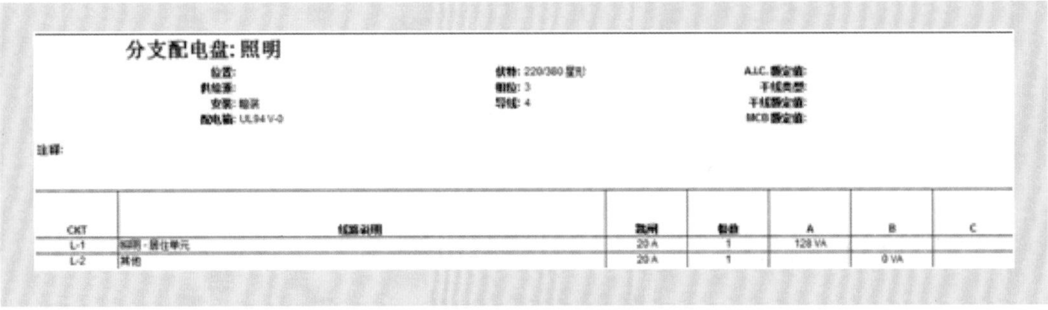

图 11-18　配电盘明细表

## 项目拓展

（1）如果电力系统配电时出现图11-19所示的错误警告，则说明配电盘还没有选择配电系统。此时，可在配电盘"属性"下拉列表中选择所需参数，再重复配电操作。

图 11-19　错误警告

（2）实际建模中容易出现碰撞的是桥架，所以建模时绘制电线很少，绘制桥架更多，桥架的绘制与风管极为类似。

第一期 BIM技能一级考试试题

考试要求：新建文件夹（以考生考号+姓名命名），用于存放本次考试中生成的全部文件。（考试时间120分钟）

1. 根据下图中给定的投影尺寸，创建形体体量模型，通过软件自动计算该模型体积。该体量模型体积为（　　）m³。请将模型文件以"体量.rvt"为文件名保存到考生文件夹中。（10分）

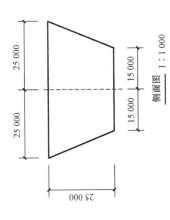

侧面图 1：1 000

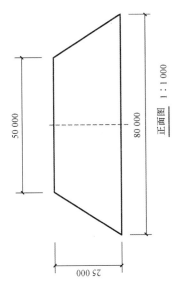

正面图 1：1 000

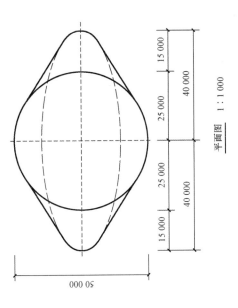

平面图 1：1 000

2. 按照给出的弧形楼梯平面图和立面图，创建楼梯模型，其中楼梯宽度为1 200 mm，所需踢面数为21，实际踏板深度为260 mm，扶手高度为1 100 mm，楼梯高度参考参考给定标高，其他建模所需尺寸可可参考平面图，立面图自定。结果以"弧形楼梯.rvt"为文件名保存在考生文件夹中。（10分）

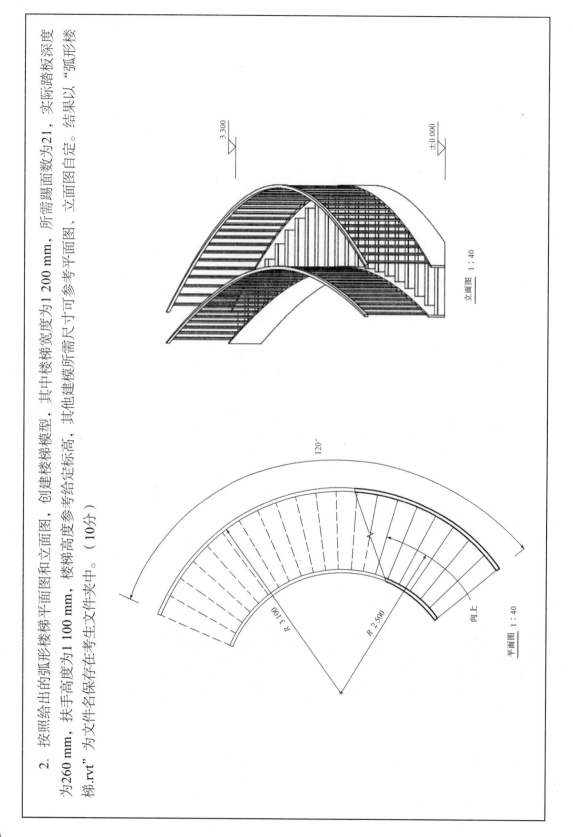

立面图 1：40

平面图 1：40

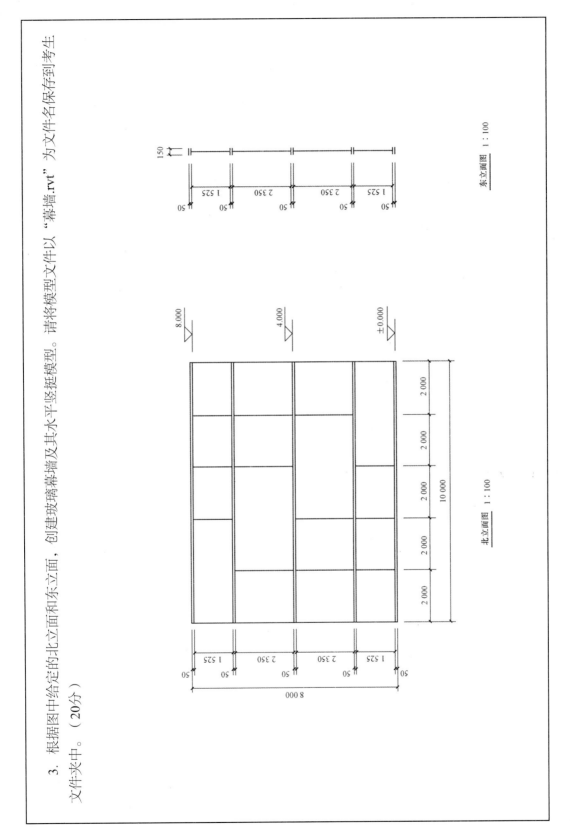

3. 根据图中给定的北立面和东立面,创建玻璃幕墙及其水平竖挺模型。请将模型文件以 "幕墙.rvt" 为文件名保存到考生文件夹中。(20分)

东立面图 1:100

北立面图 1:100

4. 请用基于墙的公制常规模型族模板，创建符合下列图纸要求的窗族，各尺寸通过参数控制。该窗窗框断面尺寸为 60 mm × 60 mm，窗扇边框断面尺寸为 40 mm × 40 mm，墙、窗框、窗扇边框、玻璃全部中心对齐，并创建窗的平面、立面表达。请将模型文件以"双扇窗.rfa"为文件名保存到考生文件夹中。（20分）

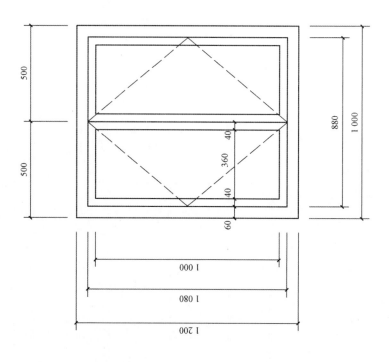

平面图 1 : 50

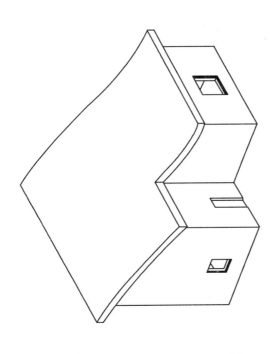

三维图

5. 根据下面给出的平面图、立面图、三维图，建立房子的模型，具体要求如下：（40分）

（1）建立房子模型。

1）按照给出的平面图、立面图要求，绘制轴网及标高，并标注尺寸。

2）按照轴线创建墙体模型，其中内墙厚度均为200 mm，外墙厚度均为300 mm。

3）按照图纸中的尺寸在墙体中插入门和窗，其中门的型号：M0820，M0618，尺寸分别为800 mm × 2000 mm，600 mm × 1 800 mm；窗的型号：C0912，C1515，尺寸分别为900 mm × 1 200 mm，1 500 mm × 1 500 mm。

4）分别创建门和窗的明细表，门明细表包含类型、宽度、高度以及合计字段；窗明细表包含类型、宽度（900 mm），底高度（900 mm），宽度、高度以及合计字段。明细表按照类型进行成组和统计。

（2）建立A2尺寸的图纸，将模型的平面图、西立面图、南立面图、北立面图以及门明细表和窗明细表分别插入至图纸中，并根据图纸内容将视图命名，图纸编号任意。

（3）将模型文件以"房子.rvt"为文件名保存到考生文件夹中。

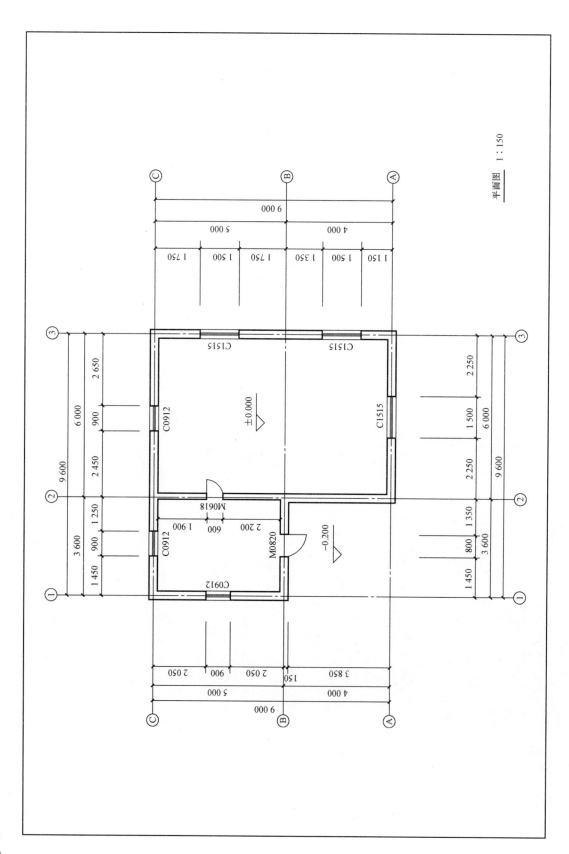

平面图　1 : 150

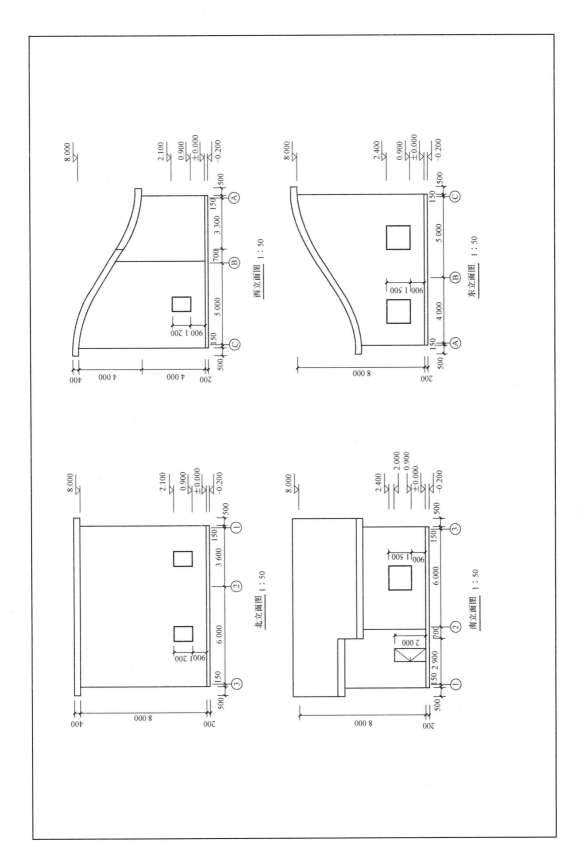

# Refrence 参考文献

［1］柏慕进业. Autodesk Revit Architecture 2014官方标准教程［M］. 北京：电子工业出版社，2014.

［2］李恒，孔娟. Revit 2015中文版基础教程［M］. 北京：清华大学出版社，2015.

［3］王君峰，廖小烽. Revit Architecture 2010建筑设计火星课堂［M］. 2版. 北京：人民邮电出版社，2012.

［4］黄亚斌，王全杰，赵雪锋. Revit建筑应用实训教程［M］. 北京：化学工业出版社，2016.

［5］黄亚斌，王全杰，杨勇. Revit机电应用实训教程［M］. 北京：化学工业出版社，2016.

［6］赵世广. 建筑Revit建模基础［M］. 北京：中国建筑工业出版社，2017.

［7］何凤，梁瑛. Revit 2016中文版建筑设计从入门到精通［M］. 北京：人民邮电出版社，2017.